从优秀到优雅

用女人的方式赢世界

艾小羊 著

广东旅游出版社

图书在版编目（CIP）数据

用女人的方式赢世界：从优秀到优雅 / 艾小羊著. -- 广州：广东旅游出版社，2014.4
ISBN 978-7-80766-784-1

Ⅰ.①用… Ⅱ.①艾… Ⅲ.①女性-成功心理-通俗读物 Ⅳ.①B848.4-49

中国版本图书馆CIP数据核字(2014)第001671号

策划编辑：王湘庭
责任编辑：王湘庭
装帧设计：谢晓丹　王　云
插　　画：江东酒鬼
责任技编：刘振华
责任校对：李瑞苑　刘光焰

出版发行：广东旅游出版社
（广州市天河区五山路483号华南农业大学14号楼公共管理学院3楼）
邮　　编：510642
邮购电话：020-87348243
深圳市希望印务有限公司印刷
（深圳市坂田吉华路505号大丹工业园二楼）
广东旅游出版社图书网：www.tourpress.cn
开　　本：889毫米×1270毫米　1/32
印　　张：7.5
字　　数：100千字
版　　次：2014年4月第1版
印　　次：2016年4月第1版第2次印刷
印　　数：6001-8000册
定　　价：29.50元

版权所有　侵权必究
本书如有错页倒装等质量问题，请直接与印刷厂联系换书。

改变人生的"小聪明"

艾小羊

一次拍照，遇到一位在城中小有名气的彩妆师。之前她做了什么，我并没有注意到，因为乏善可陈，并无特别之处，直到妆快化完了，她郑重地拿出一盒腮红，优雅地打开，藏蓝色盒子上，"Dior"金色的烫金字闪闪发光，任何人都没有办法不注意到那是一盒正品、大牌彩妆。

大粉刷迅速扫过腮红盒，在我的苹果肌上绘画般地扫动了两下，她后退两步，眯起眼睛看我，眼神里充满了画龙点睛般的满意感，让我即使不照镜子，也能感觉到自己变美了。

我注意看了一眼她的工具箱，其实只有这款腮红是真正的国际大牌，只是人们很容易因一款腮红而相信她的品位。

爱化妆的人都明白，腮红在彩妆里用得最慢，即使每天化妆，一盒腮红也至少可以用一年。腮红盒的体积却可以做到粉饼那么大，品牌名称非常醒目，即使被化妆者看不清眼线笔或睫毛液是什么牌子，却一定可以看到腮红是什么牌子。

"真是一个明白顾客心理的化妆师"，我心里默默感叹。

出于职业习惯，我喜欢观察那些事业有成的人，并且很容易发现，他们身上都有一些与众不同的"小聪明"。

肖是一个成功的发型师，他外形不帅也不够时尚，言语木讷，并不是那种一眼望去气场强大的艺术工作者，更像一个中学老师，他却成功开创了自己的工作室，有了自己的品牌，宾客盈门。

当然，他的手艺不差，但比他手艺更好的人，有许多并没有与他一样成功。仔细观察，我发现他的说服力来自他强大的自信与固执。与许多视顾客为上帝的发型师相比，他更坚持自己的想法，很少依据顾客的要求去修改"产品"。固执原本是服务行业大忌，容易得罪人，他却用自信巧妙地中和了这个缺点，使它变成优点。

"这个长度非常好"、"太棒了"、"这个发型与郭采洁在德芙巧克力广告里一模一样"……固执却又自信的发型师，让人产生信任感，因为再有想法的顾客也明白自己的想法并非专业。

"审美是多元的。任何一个发型，顾客身边一定有人说好，有人说不好，如果你能让顾客相信你给她的是最好的，增强她的信心，她就会自动屏蔽那些负面的评价。"肖对我说。

如果忽略技术问题（那很容易通过学习获得），肖的成功，很大一部分取决于他在自我意识与顾客要求之间发生矛盾时，没有一味妥协，而是找到了坚持的办法。

　　世界何止是公平，有时候简直是慈悲的，在化妆行业风行用小店货的时候，你舍得一盒大牌腮红；当发型师害怕丢掉每一位顾客，被顾客的要求牵着鼻子盲目乱窜时，你坚持告诉他们什么是真正适合。你当然有损失，一盒腮红钱或者过于固执于己见的顾客，却得到了绝大多数人的信任与忠诚。

　　因为善于思考、有自己的主见、不惧怕失去，你成为一个特别的存在，当随波逐流的人沉没于记忆的水面之下，人群中辨识度高的人自然成为某个行业或团队中出头的那一位。

　　如果我们的努力是在画龙，那一点点让自己显得更特别的小聪明，便是点睛。有点睛功能的小聪明无不建立于正确理解他人需要的基础之上，不是偷懒，只是走了一条少有人走的近路。

Part 01
向老板致敬

011 老板是用来哄的
014 坏老板也是好榜样
019 我的老板是极品
023 谁动了你的创意
028 "坏上司"是自己制造出来的
032 原谅是人类最美好的品质
037 如何面试未来的老板

Part 02
办公室有"鬼"

043 我们心里都住着一个小人
047 背后捅刀的女孩
051 办公室有鬼
054 鲶鱼被裁记
057 工作狂,办公室新公害
063 赞美是最廉价的福利
066 恶人多珍重
070 办公室情谊是灰色的
073 天蝎座男上司

Part 03
玩转"歪门邪道"

079 "至少"快乐法
082 搭讪有术

085　成功有秘密，COPY需谨慎
087　电梯是个小社会
091　饭局课堂
095　你会开会吗
099　年会暧昧
103　咱们八卦有力量
106　茶水间，人际关系修理厂
109　福利比薪水重要
113　让简历活起来

Part 04
底线决定你所拥有

119　底线决定你所拥有
122　不做办公室便条贴
125　从不吵架的将军不是好士兵
129　第三名优势
133　"二"的主人翁精神
136　收起你的受气包气场
139　"劳模"处境尴尬
142　有一种歧视看上去十分光鲜
146　做重要的事，为重要的人做事
149　辞职不是好玩的

Part 05
管理课上没讲过的事

153　跟随是一门艺术
155　马屁精是高危职业
159　要复杂，先简单

163	像找爱人一样找工作
167	不要在信任面前摔跟头
170	压力是聪明人的游戏
173	站得高，你够胆吗
177	休假是工作的一部分
179	情绪罢工的应急措施
182	提高你的办公室"能见度"
186	虐待式勾引

Part 06
工作并非为了含辛茹苦

191	玩转办公室甜言蜜语
199	职场幸福感，你快回来
203	不要往自己的鞋里倒水
206	祝福一个心软的人
210	幸福是比出来的
212	说重点，更幸福
216	精明也要有诚意
219	心中有两个我
224	工作并非为了含辛茹苦
227	不要孤独地走在下班的路上

Part 07
附 录

233	父母的职场格言

向老板致敬 Part 1

"如果和你一起工作的同事都是些个素质高又专业的人,让你在工作中更有愉悦感,这就是一种无形的福利。"谁是你最重要的同事?当然是老板。

几乎每个人都会说,我当然明白老板很重要,就因为你觉得他很重要,所以你要欺骗他,要防备他,要说他的坏话?

我们常常不小心误解了与老板的关系,像一个有受害妄想症的人,将自己视为鱼肉,而老板为刀俎。

视自己为鱼肉者,人人皆可为刀俎。

"不卑不亢"说起来容易做起来难,因为我们骨子里的奴性与兽性在打架,既想讨好老板,又想与之对抗。其实老板既不是神,也不是魔,他只是一个人,一个分工与你不同,目标却与你相同的人。

用女人的方式
赢
世界

No problem小姐即使能力一般，也总是比NO小姐运气好那么一点

10

老板是用来哄的

这一天，异想天开先生面对第四季度的销量下滑，忍不住开始发挥无厘头的乐观主义精神。"咱们公司是生产饮水机的，那么，你的亲戚朋友是否都购买了我们的饮水机？如果没有，这就是一个巨大的潜在市场，无论你是不是营销部的员工，都应该先把自己家的营销做好，这个月，每人至少要推销五台饮水机！"这个任务令大家异常抓狂。有的说我是搞研发的，不会推销。有的说我的亲戚都很穷，只用暖水瓶。有的说金融海啸来了，饮水机是奢侈品。只有宋诗仪说："No Problem，我去试一试。"

一周后，销售部忽然签了笔大单。异想天开先生隆重宣布了这一喜讯，似乎已经忘了上周布置的推销任务。

又一日，异想天开先生将宋诗仪叫进办公室，说，下个月的推广活动，我希望有范冰冰助阵。宋诗仪说："No Problem。"异想天开先生满意地点点头，仿佛已经看到范大美女在本城掀起了某品牌饮水机抢购热潮。两天后，宋诗仪做了一份关于范冰冰与本公司产品匹配度的调查，并附上四处搜来的大牌明星代言价目表，交给异想天开先生。

"请个舞蹈队吧，穿少点儿，比范冰冰还好看。"异想天开先生梦游归来。

在异想天开先生心中，宋诗仪是最值得依赖的员工之一。

11

用女人的方式赢世界

因为她总能第一时间接招,为他积累人气。尽管有时候,实施效果并不理想,然而,你一开始就否定领导的建议和经过努力后失败,绝对是两回事。

宋诗仪像坐了顺风车,从一个小职员到策划部主管,只用了短短两年时间。有人曾经质疑,他那么不靠谱的建议,你也接招,不觉得浪费生命吗?No Problem小姐说,我会根据自己的判断来确定付出努力的多少。有谱的要外松内紧,力求交上完美答卷;没谱的,要外紧内松,绝不浪费生命。这叫见招拆招。

老板被各种事物折磨得走投无路时,很容易变成异想天开先生。任何一个忽然冒出来的点子,都将被美化成无敌金点子,只有如此,方能显得他有所作为,而不是大家绑在一起等死。尽管我们有一百个理由对那些不靠谱的建议说"NO",然而,如果你不能拿出更好的点子,就没资格在未尝试之前说"NO"。

在任何一家公司,都可能有一位喜欢异想天开的上司,与无数"NO小姐"和一些"No Problem小姐"。你很容易便会发现,"No Problem小姐"即使能力一般,也总是比"NO小姐"运气好那么一点。因为每个人都不喜欢被否定,NO其实有很多种表达方式,有时候甚至可以说成No Problem。

我们从小受到的教育是老板与父母不好哄,但想一想,你是不是经常为了哄父母开心,为了避免他们的焦虑淹没你,为了保持纯净的战斗力,少听废话,而做一点"阳奉阴违"的事,而说一些善意的谎言?老板也一样,尽管他们比父母更难哄,却更需

Part 01
从优秀到优雅

要人去哄。老板也是人，不可能随时保持清醒，时刻控制节奏，当他们做出拍脑袋的冲动决定，你要做的并不是告诉他们真相。

别以为只有你害怕老板，老板其实也怕你，办公室里最孤独、最如履薄冰的是老板，头发掉得最快的也是他们。每一位下属都应该对老板这种动物心存悲悯之情，这样做，不仅能够润滑你与他之间的关系，而且有助于令下属保持良好的心态——你每天要面对的并不是一个不近人情的假面，而是假面背后那个软弱的灵魂。

办公室里拼的不是谁更硬气，除非你把它当监狱，而是谁的刹车片、方向盘最灵，谁最会想。

对于老板的话，你只需要听重点。那些天马行空、情绪化的决断或者乱发脾气时说的话，不能说明他是一个很差劲的老板，只能说明他是一个正常的人，并且所承受的压力比你大。老板从来不会觉得性格直率、言无不尽是下属的优点，尽管他们常常会在心情不错的时候假惺惺地说，有什么意见只管说。

对老板说话不必太实在，只要做事实在就可以了。过多的语言交锋，过于强烈的表达个人观点的欲望，只会让你与老板之间增加更多的摩擦，让他误以为你是一个不愿意努力的人，一个对工作挑三拣四的人，其实呢，你只是有一点点太认真。

认真是优点，不分场合的认真则是情商低下的标志。当我们想要提出反对意见时，一定要分10秒钟给自己，问问这样做有没有意义。如果你没有足够的说服对方的理由，如果以当时的境况，你没有能力改变结局，如果不是迫在眉睫一定要反对的事，不如洒脱地说一句"No Problem"，给彼此留一些空间。

用女人的方式

赢世界

"坏"上司也是好榜样

"如果我们公司能有十个Anne，我就可以睡个安稳觉了。"

恐怖片的种类有很多，对于患有"周一恐惧症"的人来说，最恐怖的莫过于周一早晨一上班，就看到公告栏里有一封老板致全体员工的公开信，而公开信的内容，是号召大家向某位员工学习。

Anne是活动组组长，女，40岁尚未婚配，将人生全部热情皆投入到了工作之中，拿一份薪水做着两份工作，老板经常在大会小会上表扬Anne，大家已经司空见惯，最多私下里嘀咕一下，也没什么好话。男员工说，她如果能将工作热情多分一点在找老公上，就完美了；女员工则说，我哪能跟她比，她是上班为老板服务，下班也为老板服务。显然，女人的嘴巴总是更毒辣一些。

然而，以如此隆重的方式表扬，就差没写个领袖题字"向某某同志学习"了，又逢着周一大家都不爽的时候，还是让许多人心灰意冷。那天，Anne恰巧到公司比较晚，匆匆忙忙跑进办公室，没来得及看一眼公告栏。她的桌上，放着一堆活动策划书，原本大家有分工，她只负责汇总，没想到大家交上来的，竟然都是半成品。

"大江，你的那部分是不是打漏了页数？"

Part 01
从优秀到优雅

"没有啊,就那样。"大江头都没抬。

Anne暗暗在心里嘘了一声——职场无男人。

然而那个上午,无论男人女人都不配合她,甚至连办公室的空调都对着她猛吹冷风。

直到中午,Anne才看到那封表扬信,她在心里暗暗叫了一声苦。整个下午,Anne缩着尾巴做事,不似受了表扬,倒似受了批评,再也不敢说谁的策划书打漏页了。办公室是个讲人情的地方,每个人的情感都是脆弱的,如果是你,周一大清早就看到老板说,有十个某某某,公司就能上天了,可那个某某某却不是你,甚至你都绝无可能成为某某某,那么,是不是就意味着,你所做的一切,老板都没看见?

"不会表扬的人,比不表扬的人罪孽更深。"下班的时候,Anne边默默收拾办公桌,边在心里恨恨地重复这句话。

读研的时候,她选修了一门课,叫"领导者的魅力"。据说在一家韩国的大公司中,有位清洁工,公司失窃时,拼死保住了老板的保险箱。有人问他为什么这么做,他说,为了老板。原来,老板每次从他身旁经过,都会悄悄地说,您打扫得可真干净。"如果老板每次都在公司大会上说清洁工打扫得很干净,号召大家向他学习,结果怎样?大家都辞职,而清洁工呢,只有跳楼了。"老师说。

Anne很想把这个故事讲给老板听,却不知他是否能够听懂,或者懂也装作不懂。在他眼里,员工的感受并不重要吧,重要的是员工的压力。如果员工没压力,老板就没动力。只是Anne

15

用女人的方式赢世界

暗暗下决心，不想再做被他竖起来当靶子的那一个了。

有人说，如果我碰到一个好上司，就能学到更多。何为好上司？发得了工资，涨得了奖金，搞得定客户，哄得好员工，打得了流氓，做得了红娘……如果世界上真有这样一位上司，其实是件令人绝望的事。因为你从完美的人身上是学不到什么的，他们的完美浑然天成，无法模仿，他们是上帝的礼物，而不是精子与卵子结合的产物。

当抱怨上司成为企业文化的一部分，遇到一个好上司似乎相当于中彩票。然而，也许事隔经年蓦然回首，我们才会发现，尽管不是每一位领导者都能获评"年度最佳雇主"，却是各有各的特点。老板之所以成为老板，并非只是长得帅或者会说话，尽管我们常常以为总有人能够凭借雕虫小技便可平步青云，而同样的故事在自己身上却永远是不可完成之任务。

同样的路径，同样的路过，有人只染了一身泥水，有人却看了一路风景，区别在于你以什么样的心态去面对。

2001年，在波音公司200名离职人员中，只有40人在离职时与公司进行了薪酬谈判。大部分人离开的原因是——令人讨厌的上司。上司与下属的关系像一场婚姻，能够看到对方的优点还是只盯着对方的缺点，看重自己在这场受尽折磨的关系中的成长还是创伤，是决定这场关系是否能够长远的重要原因，也是决定个人未来发展的风向标，无论你是选择离开这家"该死"的公司还是选择继续忍耐。

当奇虎的CEO周鸿祎在微博上抱怨"员工开发的产品连自己都不愿意用，完全是为了完成任务"时，立刻有人跳出来说，你高

高在上，什么都不做，当然觉得员工有罪，事实上他们也付出了很多。周鸿祎立刻回应：抱着这样心态的人，只能做一辈子小职员。

眼界决定未来，除非你想做一辈子小职员。

老板无绝对的好与坏，往往，"坏"上司更是好榜样，因为他们具有更鲜明的性格与风格。而这些，只有懂得欣赏，你才能从中受益。那些不懂欣赏"坏"上司的员工，要么离职，要么忍耐，无论哪一种方式，都不会让他们成长。

案例中的Anne的确遇到了一个情商低下的上司，但他教会了Anne，当老板用尽全力对某位下属好的时候，结果不是留住他而是捧杀他。

用女人的方式
赢
世界

超越老板的唯一途径是,先从他身上学习

6号老板
5号老板
4号老板
3号老板
2号老板
1号老板

18

Part 01
从优秀到优雅

我的老板是极品

　　许佳音从鲁总办公室出来,手里捏着两张薄薄的A4打印纸。纸上密密麻麻地爬着小蚂蚁似的字,因为过分整齐而显得隐忍无力。于是,那两个手写体的大字便像怪兽一样狰狞了。那是用红笔写就的"机密"。不明就里的人,看到此刻的许佳音,会误以为她是某个戒备森严的保密单位的重要人物。

　　坐在旁边的孟小姐探头看了一眼许佳音手上的东西,捂着嘴巴笑起来。

　　鲁总的上任,改变了许佳音的生活,或者说,改变了公司许多人的生活。他姓郝,因为是山东人,大家不约而同地称他为"鲁总"。孟小姐说,那就是因为谁都受不了把那么坏的一个人称之为"郝(好)总"。

　　作为公司副总兼活动总监,鲁总负责公司大大小小的活动。逢较大活动,公司皆是上下齐动员,无论你的本职工作是什么,都会被安排在会务组,因此基本上每一位员工都有落到他手里的时候。

　　许佳音第一次在鲁总手下干活,是公司接了一家珠宝公司的展示活动,许佳音负责迎宾,递送资料及名片。按照孟小姐的说法,她只需要穿戴漂亮,面带微笑,眼不斜手不抖就够了。所以,当鲁总命令每人上交一份书面材料,详细说明对自身职责的理解，以及如何在活动中更好地发挥优势时，许佳音觉得没自己什么事儿。她不是第一次做"迎宾员"了，对于这样一个毫无技术含量的打酱油角色，她实在想不出有什么可写的。

结果鲁总大发雷霆，要求没交活动报告的要补交，字数没有超过一千的要重写。这样一来，几乎每个人都要在当晚挑灯夜战了。

许佳音一筹莫展，拖到晚上十点，终于灵机一动地翻出大学时学过的中外礼仪教材，一不小心，竟然扬扬洒洒地"抄"了三千字。

第二天下午，许佳音从鲁总办公室拿回自己的那份活动报告，那两个"机密"的大红字令她无比忐忑。后来大家渐渐明白，但凡鲁总认为写得好、有价值的文字材料，都会在上面写上"机密"二字，以表达自己"如获至宝"的心情。

孟小姐说，活动总监是最难坐的职位，她来公司三年，没见哪一个人在这个位置上坐满一年。于是，大家像盼股市重上六千点一样盼着鲁总拍屁股走人。结果，股票指数直奔《1942》了，鲁总这边却依然《王的盛宴》。

在《1942》与《王的盛宴》上映的冬季，鲁总已经做了一年半的副总兼活动总监。孟小姐于半年前辞职了，临走前，对许佳音说，我熬不下去了，他不走我走。

老员工批量离职，新员工自然多了上位的机会，许佳音从一名打酱油的"迎宾员"接替孟小姐，做了活动统筹组长。

已经辞职的孟小姐轻而易举地在另外一家大型广告公司找到

了策划总监的职位。"在极品上司手下锻炼过的最大好处是,很容易找到一家满意的公司与满意的老板。"她对许佳音说。许佳音说,恐怕还不止这些吧,你一定比别的员工更认真更细致,因为你是在魔鬼训练营里面接受过训练的。

不好的东西也会带来好处,正如太好的东西往往让我们懒惰。

对于"果粉"来说,乔布斯是神,但如果,他是你的老板呢?你要忍受他的残酷无情、吹毛求疵、现实扭曲力场、神经质甚至将别人的创意拉到自己头上……有才华的人,常常是优点与缺点同样鲜明,远看是神,近看是"JP",并且他们对于下属往往毫不留情,下属的感受从来不在他的考虑范围内,正如乔布斯所说"我忍受不了傻瓜"。对他来说,产品就是王道,在人际关系上浪费时间是庸才的做法。乔布斯时期的苹果,如果你不是顶尖人才,随时要准备卷铺盖回家。他规定MAC团队不许超过100个人,一旦他发现一个合适的人才,就意味着原有的团队里有一个人要被开掉。

乔布斯是好上司吗?如果能忍受,你可以从他身上学到很多:创新能力、极简主义风格、完美主义、领袖风范……如果不能忍受,他就是天下最恐怖的上司,是"硅谷恶魔",是下属一生的噩梦。

斯卡利是乔布斯的手下败将,在他执掌"苹果"的那些年,"苹果"失去了个人风格,沦落为一个"卖糖水"的平庸的公司。然而,斯卡利为人友善,兼容并包,允许员工犯错误,并且愿意给那些平庸却努力的下属慢慢成长的机会。他注重短期效

用女人的方式

赢
世界

  益,为苹果公司建立了强大的营销团队,团队中的每个人都感受到了他"父亲般的慈祥"。可惜,苹果公司的利润逐年下滑,慈祥拯救不了"苹果",舒服的环境能够造就充满幸福感的员工,却无法成就技术一流的员工。

  斯卡利是坏老板吗?从"苹果"的发展来说,他似乎并未有过超凡的贡献,以至于最终完败于乔布斯,成了"苹果"历史上不愿意被大家提起的人。然而,一个好学上进的员工,不难从这样的老板身上学到许多东西:圆滑的处世之道,完美的营销术,混迹职场必要的情商。

  美国当代杰出的组织理论、领导理论大师沃伦 班尼斯说:"领导力就像美,它难以定义,但当你看到时,你就知道。"同理,一位上司好或者不好本质上是难以定义的,或者说,以好或不好来定义上司,本身就是偏颇。一个人,能够成为领导,必然有他特别的生存法则,而作为下属,如果你瞧不起他,就应该想办法超越,而超越的唯一途径是,是先从他身上学习。

Part 01 从优秀到优雅

谁动了你的创意

每个人都有这样的体会，某段时间，你的办公室生活忽然陷入不顺，简直就是平地起惊雷，屋漏偏落雨，穿平底鞋都崴脚。蔡芙蓉自从升职为小斌的助理后，便有了这种处处不顺心的感觉。

那天，小斌跟蔡芙蓉念叨，新来的业务员总不出业绩，虽然换人容易，但换来的人还是菜鸟。这个问题，其实蔡芙蓉早就发现了，于是，她胸有成竹地将已经考虑成熟的建议，竹筒倒豆子地全都倒给了小斌，琢磨着小斌一定会拍案而起，说"这个建议太好了"。可是，小斌始终冷静地看着她，若有所思，似乎丝毫不为她的建议所动。

蔡芙蓉非常沮丧，回家说给男友听，男友说："这叫用力过猛。你不过是个助理，新官上任三把火也轮不到你烧，还是好好给我烧菜吧。"

一周后，公司忽然出台了一个新方案，鼓励老业务员与新业务员进行为期半年的捆绑，凡愿意参加捆绑的老业务员，可以多拿5%的提成，而新业务员的工资由公司负担，不拿业务提成。大家都说这是个好主意。老业务员不仅多了一个免费的打杂帮手，还能多拿钱；而新业务员不仅可以更快学到东西，而且免了三个月没有业务就被开掉的命运。公司虽然多出了一些开支，但相当

23

用女人的方式
赢
世界

再好的点子，充其量不过是一粒种子，有能力将这粒种子变成树苗的是老板

于给新业务员提供一对一的实战培训，有潜力的新业务员一定会脱颖而出，为公司创造更多利润。

这样一个皆大欢喜的方案是谁贡献给销售总监的？销售一部的主管小斌！

其实，这正是一周前，蔡芙蓉给小斌的方案。不过，蔡芙蓉没跟任何人讲这件事，口说无凭，讲了人家也未必信。她只是好奇，小斌做了这样的事，下一步该如何面对自己的女助理。

事实证明她的担心很多余。小斌对她一如既往，只是轻描淡写地解释了一次。"当时我给了总监几个方案，他最终选了你这个，我说这是我们部门小蔡的点子，可惜他对你没什么印象。"蔡芙蓉心想，那是，我算哪根葱啊，一年跟总监说不上三句话。

后来很多次，当蔡芙蓉有了新点子，自认为很高明，就兴致勃勃地说给小斌听，小斌却总是一副无所谓的样子，不说好也不说坏，但基本不采纳。

夏天是公司销售旺季，小斌让蔡芙蓉搞个促销策划。蔡芙蓉加了一个星期班，搞出了一份自认为完美的策划，把它拿给一个在另外公司做经理的朋友看，朋友说很不错。

"可是，我们头儿挑剔得很。不知道为什么，以前没觉得他是这么挑剔的人……"蔡芙蓉忍不住抱怨。朋友老谋深算地笑了一下，说："领导总是对别人挑剔，对自己宽容。那你干吗非让这个方案是你自己的？"

第二天，蔡芙蓉去交策划时，没有像以往那样自信满满地陈述自己的方案如何有道理，能够解决多少问题，而是谦虚地说：

"这个策划里的许多点子都是我根据您平时的意见整理的,可以说,这是您的创意,我只是将它们归纳了一下。"

小斌在这份策划书上,用马克笔写了一个大大的"好"。这是蔡芙蓉升任助理以来最爽的一天,她哼着小曲走在回家的路上,因为自己的价值被认可而感到开心。主管的认可对于一个下属来说是多么重要,如果缺乏了这个认可,你的方案就算比比尔·盖茨的还高明,也只能躺电脑里睡大觉。蔡芙蓉忽然不觉得小斌在跟自己抢功了,他所得的其实是他应该得到的,就像一个伯乐应该得到属于自己的荣誉,而不应该说,人家千里马就算没伯乐也有一天总能发光。

★给蔡芙蓉们的三个忠告:

一

职场需要的永远是适度聪明,如果你总是表现得太聪明,并且从不把自己的聪明归功于上司,他一定会因为缺乏安全感而打击你的嚣张气焰,尽管其实你丝毫没有不尊重他的意思。

二

任何时候,你的功劳都不是个人的。无论多么绝妙的点子,充其量不过是一粒种子,有能力将这粒种子变成树苗的是你的上司,而不是你,因为他可以决定是否给这粒种子发芽的土壤。

三

　　永远不要代替你的上司进行决策，当你提供决策建议时，必须传递的信息是，这个建议是我从您的某某话中得到了启发，我觉得您大概是这么想的。经常引用上司的话，能够更快地博取他的信任，让自己的工作最大限度地得到认可。

　　员工缺乏幸福感的原因通常是没有遇到一个好上司，然而，天下"上司"一般黑，因为职责不同、目标有异，上司与员工不可能成为绝对的朋友。因此，在绝对意义上，真正的好上司是不存在的。但一个最终成功的人，在他们的普通职员生涯中，一定是幸福感更强的那一位，否则将很难对抗枯燥的办公室生活，并且最终脱颖而出。

　　哈佛大学专门开设了一堂名为"职场积极心理学"的课程，要求学员们不是实事求是，而是刻意以"不切实际的乐观信念"来评价自己在职场中遇到的人，包括上司。最终发现，抱有"不切实际的乐观信念"的学员，职场幸福感更高，成长性更强，并且他们比普通人群更倾向于认为自己的上司身上有许多优点，这种"乐观"使他们忍受了最难以忍受的上司，并且在忍受过程中学会了换位思考、逆境生存以及情绪调节。

　　"把上司想得更好"不是为了给他们脸上贴金，而是为了积累自己的"心理资本"。有了好心态，才会有好上司、好老师，这是我们自己能够把握的成功之路。

用女人的方式

赢
世界

坏老板是自己制造出来的

　　10年前，Hebe刚入职，在一家公司的广告部做文案策划，上司曾经是某电台的音乐主持，Hebe上大学时很喜欢听她主持的节目。面试的时候，Hebe向她隆重表达了自己的敬意，她表情古怪地笑了一下。结果那次面试Hebe是最后一个拿到OFFER的，因为有一个男生被录了却没来报到，Hebe才由替补转正。一次与同事聊天，说起上司曾经的电台主持生涯，Hebe很兴奋地诉说自己当初多么喜欢听她的节目，却有同事紧张地做了个"嘘"的手势，原来，上司是在原电台的竞争中被踢出局的，忌讳别人提这个。Hebe很后悔自己面试的时候乱说话，也许这就是Hebe没有被优先录用的原因，有了这层心理阴影，Hebe对上司敬畏有加，甚至可以说是唯唯诺诺，总想弥补一下自己当初的过失。

　　"女上司特别容易自我膨胀，尤其在比自己年轻漂亮却没有个性的女下属面前。"听到别人说这话时，Hebe已经离开了那家公司，却还会经常做噩梦。在梦里，女上司一会儿化身为严厉的监考老师，一会儿又成了追捕Hebe的女警。

　　在她手下时，Hebe觉得她是个天生的虐待狂，现在想来，其实是Hebe的唯唯诺诺激发了她的虐待欲，用流行的话说，就是Hebe看上去就是一副欠扁的样儿。

　　有一次开会冷场，女上司点名让大家发言，大家却嘻嘻哈

哈，以各种理由推掉了。轮到Hebe，因为不敢像别人那样理直气壮地说"我还没想好，让某某某先说吧"，只好硬着头皮说些语无伦次的话。女上司心里正窝着火，Hebe不幸成了出气筒。在她的成功引导下，大家由批评Hebe发言中的幼稚之处开始，打开思路，于是Hebe就成了"抛砖引玉"的那块倒霉的砖。从那以后，每逢开会冷场，女上司就会拿Hebe开刀。Hebe曾经下定决心在开会前认真准备，争取抛出去的就是块玉，可无论怎样，女上司都能挑出毛病，让Hebe的玉顷刻间化为砖，到最后，Hebe被折磨得走路都贴着墙根儿，可就是这样，还是每每被女上司拎出来示众。

　　Hebe时常想，既然你觉得我千不称职，万不合用，直接把我炒了算了。可她偏不。甚至在Hebe最后递交辞职报告的时候她还说了很多好话，百般挽留，几乎让Hebe怀疑是自己小心眼儿。很感谢离职时，HR经理对Hebe说的那番推心置腹的话。他说找工作与谈恋爱一样，恋爱时，直接与你演对手戏的是男友，工作上，直接与你演对手戏的是上司，两人之间，最初的格局很重要，无非是一物降一物，你降得住他，他就是天使；你降不住他，他就是魔鬼。

　　一项分析显示，75%的雇员最大的工作压力来源于他们的直属领导。一个好老板不仅能够让下属的工作更有成就感，更能让他们越活越健康。从某种意义上说，老板就是我们职场的衣食父母。你无法选择父母，却可以选择老板；你很难去管理父母，却

用女人的方式赢世界

可以管理老板。同样一个老板,对某些员工来说是好上司,对另外一些员工来说却是万恶之源,原因只是因为有些人管理好了自己却没有管理好他的老板。

一个好老板能够让下属罹患心脏病的可能降低20%,如果下属在好老板手下工作超过4年,这个数字还会提高到39%。

所以,我们一定要管理好自己的老板,让他真正成为我们的好老板,而不是对别人笑脸相迎,对我们眉头不展。

管理老板,首先要给他们建立档案。知己知彼方能百战不殆,老板面对的是若干个下属,而你面对的只是一个老板,只要掌握方法,你的管理其实比他更容易。老板档案的内容包括他的特点、优点、弱点,以及喜欢吃的菜肴,喜欢的品牌,喜欢的客户及下属。这不是一天就能完成的,每天填写一点,有时候,后面的观察甚至可能推翻前面的论断,在不断更新的过程中,老板在你心目中的形象越来越明晰,了解到一定时候,如何对付他甚至不需要你动太多脑筋,那些办法会自己跳到你的脑海中。

其实需要注意的是,不要一下子把老板的胃口吊得太高。很多人习惯于在面对新上司时使出全身力气表现自己,其实这样很容易把他们"宠坏"。老板的胃口一旦被吊得太高,他就会把你当超人,希望你不断接下他交代的工作,不断挑战新高甚至渐渐习惯你的努力,因为在他的印象中,你理所当然应该如此。真正聪明的做法是边走边看,最开始只使出六成功力,退可守,进可攻,让他觉得你在他的领导下,业务水平有很大提高。

第三,一定要学会说"不"。不要随便说"No",更不要从来不说"No",在理由充分的情况下,一定要学会拒绝。不懂拒绝的下属,在上司眼里永远是个能力一般的好人,懂得拒绝的下属反而让他不敢小瞧。当然,说No前提为:一、有充分的理由、

强大的数据论证作为自己观点的支撑;二、选择适当的时机与方式,不要在他愤怒的时候拒绝,也不要当着许多人的面拒绝,对于他的无理要求,你甚至可以表面答应,转头忘掉,或者准备充分后再与他理论。

最重要的一点是,不要妄自菲薄。《职业妇女解放指导》的作者米歇尔·赛克认为:"老板是一个风险与利益共存的职位。这个职位赋予他管理职能,却从未给他驾驭他人的权利。"你与老板是平等的,你服务他,仅仅是因为你们分工不同,你在人格上,永远与他是站在同一个水平线上。说话时,直视他的眼睛,不要让他觉得你怕他,只有这样,他才会尊重你。如果Hebe懂得这一点,就不会在一开始的时候对老板心存歉意与内疚,变成办公室的受气包。

原谅是人类最美好的品质

马小强十年没换工作,在这个瞬息万变的移民城市里,他像一个古董。

入职第三年,马小强遇到了老毕。老毕是他的领导,与他分外投缘。领导钟情于自己,下属断没有拒绝的道理,马小强这枚慢热型人才,慢慢地被老毕给捂热了。

鞍前马后是常态,两肋插刀也干过,偶尔还做无名英雄,以成全老毕的颜面。马小强觉得这都是应该的。为了强化这种理所当然,老毕时常对马小强说,如果自己离开,定会力荐马小强接替自己。

马小强比老毕小20岁,所以他从来没有为自己的前途着过急,仿佛那前途就是放在那儿的,只等他策马经过,轻松俯拾。即使老毕正常退休,马小强也有20年的光阴可以享受那个职位,更何况,老毕能在一线做到正常退休几乎不可能。许多次,都传来了老毕要调去总公司的消息,马小强走马上任似乎箭在弦上,最终却不了了之。

一次,老毕话中有话地说,无论什么事,我都会第一时间通知你,你只听我的就行了。

下属说谎是人格分裂,领导说谎是迫不得已,反正江湖是领导的江湖。老毕很快食言了。

Part 01 从优秀到优雅

某个周一早晨,老毕没来上班。不到两个小时,各种传闻便像潘多拉魔匣中的蝙蝠满世界飞了。有好事者向马小强求证,马小强的一问三不知使大家对传闻深信不疑。因为,如果不是极度隐私的事情,这位二当家绝不会一无所知。

马小强终于坐不住了,给老毕打电话。电话一直关机,发过去的邮件也如石沉大海。

盼来盼去,马小强盼来了一封来自HR总监的群发邮件,内容简单得像一个阴谋,只说老毕因私人原因辞职。

距收到这封邮件仅仅24小时,新主管的任命就下来了,是总公司空降的一位名不见经传的人物。新官上任三把火,烧的就是马小强这样的前朝宠臣。

然而,与种了十年的树终于结果却落在了邻居家院子里的失落相比,更让马小强受不了的是老毕的销声匿迹。从此,马小强时常被一个梦惊醒,在梦里,他化身谢霆锋,拿一支AK47指着吴振宇的脑袋说:"你欠我一个解释。"

大约半年后,马小强无法忍受与新领导的隔阂,辞职了,他决定带太太出国玩一趟。

人生总是不缺乏戏剧性。在候机楼里,迎面走来的竟然是老毕。老毕看上去比半年前瘦了十斤,也年轻了十岁。与他并肩走在一起的,是一位年轻姑娘,只需要看半眼,马小强就知道那姑娘是谁了。

马小强终于不得不相信公司一直以来的传言。老毕爱上了年轻的女客户,不惜损害公司利益帮她赚了很多钱。

用女人的方式赢世界

老毕的新生,却是马小强的滑铁卢。可人生能够不这么自私吗?不可以,尤其对于那些大好青春用于破房子装修的人来说,追求自由就是克服为他人而活。

马小强将温柔的大手压在老毕的肩上,相逢一笑泯恩仇。

人生很长,工作很短。

老板不是铁,不是木头,不是硬邦邦的规章制度,而是人,一个奋斗过,努力过,与你一样哭过笑过,如今身处高位,让你羡慕实则孤独的人。他们的强硬往往是为了掩盖虚弱,不是工作狂,不是习惯,而是强大的不安全感,使他们成为加班狂。

身为下属,我们不必去同情老板,因为我们自己的处境都还需要更多人来同情,但有时候,我们需要一点宽大的胸怀,需要一点原谅的勇气。

原谅并不难,只要为对方预设一个善意的立场。人在职场,身不由己,无论老板还是我们,并没有分别,在这个江湖中,人人都在被当枪使,根本不存在真正的老大。如果你总是纠结于"他比我过得好,我为什么要原谅他",陷于泥沼的是你自己,而不是他。因为你不可能把老板怎么样,老板却轻而易举地可以把你怎么样。宽容是给自己最大的奖励,只有宽容的人,才能随时放下包袱,轻装前进。

做一个宽容的下属,你需要克服以下消极心理。

○ 老板不是完美的,他的缺点可能比你更明显,但他的优点

Part 01 从优秀到优雅

也会比你更突出，不要以自己的优点比人家的缺点。

○ 工作是老板给你的礼物，老板只愿意给自己信任的人"加码"。不断增加的工作量对你来说是最好的锻炼，不仅让你发现自己的潜能，还为你提供了更多接触公司上层的机会。

○ 为什么老板显得那么可恶，他果真是做恶人上了瘾？世界上变态的人并不如你想象那么多，只要换位思考，你总会明白这一点。事实上，换位思考是每个职场中人的必修功课。

○ 当你失败的时候，老板有没有资格批评你？当然。虽然你可以有一万个失败的理由，但他只需要一个发飙的理由——你搞砸了。

○ 不要总以为老板故意与你过不去，说实话，领导很忙，没时间跟你生气。

○ 正义感是个伪命题。当你鄙视老板的成功带有暗箱操作的原罪，最好先想一想，那么多人都在搞暗箱，为什么成功的偏偏是他？发现一个人的闪光点，然后追随它们，就像被拴在汽车后面跑步，会跑得更快。

○ "请问，您是怎么做到的？"这是老板最爱听的话。每个上司都有一个教师梦，可惜，并非每个下属都"敏而好学"。

○ 跟着大部队，永远只能当小号手，所有人都在说老板的坏话时，你不妨在心里为他辩解，这是一种良好的训练，能让你站在领导者的高度看问题。

○ 如果你觉得老板不喜欢你，就去寻找他不喜欢你的原因，如果找到了，想办法改进；如果没找到，请自信满满地对自己说：一定是我多心了。

○ 老板的缺点同样能够成为我们前进的动力。如果他果真是个草包，要保住自己的职位，一定会用许多卑劣的手段，这个反面教材正好提醒我们，一定要具备真才实学，草包上位并不是爽快的事。

○ "想他好，说他好"，老板对于下属如是，下属对于老板亦然。看到对方的优点，给予赞美与肯定，不仅能够润滑你与老板之间的关系，而且可以减轻你的心理阻碍，更容易将其树为榜样。

○ 以积极的心态看待不完美的老板。积极心理学的创始人塞里格曼认为，我们应该关注"人们对在哪里"，只有这样，才能平衡自己的心态，同时让对方感觉到我们的善意，从而提高自我与环境的匹配程度。

○ 量化任务，强迫自己从老板身上每天学习一件事。老板就是你免费的老师，是工作给予你的额外福利，如果不能从他身上学到东西，不是他的错而是你的错。

○ 职场生存法则是：要么忍、要么滚、要么学。忍，能让你继续混日子拿薪水，滚的结果很可能是换汤不换药，只有不断学习才能不断超越，向金字塔的顶端靠近。

○ 即使果真存在"百无一用"的老板，也是为了磨炼你的意志而存在。在他们手下工作一年，你的道行增加三年，他日随便到什么样的公司，都能满血复活。

如何面试未来的老板

面试者赵小龙被要求填写一张表格，表格的内容是家庭成员情况，姓名、年龄、与本人关系、工作单位、居住地等等，一应俱全。"这应该是隐私吧？而且你们还没确定聘用我呢。"赵小龙对接待自己的人力资源部工作人员说。对方浅笑一下，示意赵小龙别那么多牢骚。

人力资源部工作人员是Foger，后来成为赵小龙在X公司的铁哥们。赵小龙好奇地问他，为什么胜出的是自己，Forger说这是公司机密，弄得赵小龙很扫兴，说你还真把自己当伯乐啦。"伯乐只是个传说，只要你应聘的职位不是CEO，决定成败的往往是细节。"Forger说。

"细节决定成败"是句特别有用的废话，它永远正确，但你可能永远不知道决定成败的究竟是哪一个细节，除非你像乔布斯一样，将所有细节做到完美，那么，必定有一些细节会歪打正着。

赵小龙后来有幸参与了一次招聘面试，是他所在部门的一个助理工程师职位，最后筛选下来的三位应试者条件相当。Forger主张选A。因为他已婚，比未婚者更需要一个持久的工作赚钱养家；孩子三岁，已经过了婴儿期，牵扯的精力相对较小；他的太太是小学老师，父母住在本市，这是工作与生活能够兼顾，并且

用女人的方式赢世界

可以在任何时候向工作倾斜的有利条件。B未婚，即使不谈他是否会利用工作时间偷偷上相亲网站，不谈他将来异地恋的可能性，不谈他万一找了一个有"旺夫强迫症"的太太，逼他换份收入更高的工作，只谈他自己的问题，一个34岁的未婚男青年，如果不是性取向有特殊就是情商太出奇。C也是已婚，但孩子才半岁，父母在农村，他本人喜欢跳舞，他的太太是歌舞剧团的独唱演员，家庭不稳定的几率显然更大，当然，如果公司有意向把年会办成春晚，请明星员工夫妇登台演出，他是有可能带来小高潮的。老板采纳了Forger的建议，A同学粉墨登场。

赵小龙几乎目瞪口呆。他一直以为面试这件事是老板看上谁就是谁，比如乔布斯在惠普专卖店里看到一个挺机灵的小弟，就对他说，来苹果上班吧。由此，他对于被选中的为什么是自己更加好奇，天天缠着Forger问，Forger终于没好气地说："猪头，你难道不知道你跟你部门经理是老乡吗？"这实在太快乐了，赵小龙笑得喘不过气来，Forger受了鼓舞，不以为然地继续说："这算什么，广告部的老谢，因为要求的薪水最高而拿到了Offer。""为什么啊？""因为广告部很特殊，老板坚信敢开价的才是真人才。"

赵小龙把这个故事讲给很多人听，讲到第十遍的时候，他悟出了一个道理。事情的最终结果往往是由巧合决定的，但事情的发展趋势是由努力决定的。前者告诉我们遇到挫败要淡定，后者则确立了"努力"不容忽视的地位，至于哪位是偏房哪位是正室，结果说了算。

Part 01
从优秀到优雅

面试是由细节组成的,不仅仅体现在老板面试你,也体现在你面试老板时。

如果面试时,有未来老板亲自参加,你应该观察以下几点。

○ 观察他与其他面试官的关系,是和谐随意,还是很少互相答理,甚至旁人对他的态度都是谦卑而疏远。由此大体能反映出你未来上司是个温和的人还是很铁腕甚至不讨人喜欢。

○ 如果他很喜欢打断你的话,并且态度傲慢,不正眼瞧你,或者他异常在意等级制度或者他瞧不起女员工。

○ "你能陪客人喝酒吗?""如果陪客户吃饭,回家晚了你男朋友会不会有意见?"即使你面试的职位是业务员,这种问题也是不恰当的,这说明你未来的上司处事很随意,并且可能是个色狼。

○ 观察他的肢体语言是否专业、严谨。如果在面试的时候,他时常有搓手、抖腿等小动作,说明这是一个不拘小节的上司,很可能还有情绪化的坏毛病。

○ 如果你未来的上司是女性,要仔细观察她的眼神,女人的目光会透露一切,尤其是嫉妒、挑剔等不良情绪。

○ "贵公司最看重员工哪方面的能力",在面试最后的自由提问环节,以求与未来老板进行初步沟通。将创新能力放到第一位的,往往是激进派上司,将执行力放于第一位的属于稳健派,如果他着重强调年轻人要吃苦耐劳,恐怕做他的下属无缘无故的加班与加量工作会特别多。

此轮面试通过,接下来你会有为期三个月的试用期,在此期间,你正好可以近距离地观察你的老板。

○ 上班第一天，老板通常会将你介绍给其他同事，新同事们是各干各的事，还是很热情地聚在上司周围对你表示欢迎？从新同事对你的态度，可以折射出上司在部门中是否有超强的感染力与影响力。

○ 注意观察老板的口味与习惯。通常，喜好清淡口味、有较多禁忌的人，内敛、有心计；喜欢浓重口味、很少禁忌的人，偏向于天真、豪爽。

○ 作为新员工，当然不应该四处打听老板是个什么样的人，但你可以采取试探的方法，得到大家对他的评价，这种评价比那些别有用心的人主动告诉你的更为真实可靠。比如，你可以采取激将法，装作无意地说，我觉得老大很随和很开明，这时候往往会有同事忍不住向你大爆他独断专行的劣迹。

○ 有幸遇到上司发脾气，恰恰是你了解他不为人知一面的最好时机。他为什么发火；什么行为只会起到火上浇油的作用；他会就事论事，还是就此把惹他发火的人打入冷宫……一个人，失去理智的时候，暴露的才是最真实的自己。

○ 如果你与老板直接打交道的机会较少，不妨看看受上司器重和信任的人，他们其实能够很大程度代表上司的风格。如果你与这些人气场相合，多半情况下，你与上司也会相处融洽；如果你与这些宠儿人生观世界观差异巨大，恐怕你会很容易被排斥于上层亲友团之外。

办公室有『鬼』Part 1

办公室里本没有鬼，闲人多了便有了鬼。

人在职场，说复杂很复杂，说简单又简单，简单与复杂一念之差，全在于你想要一个什么样的办公室。

人在职场，"利"字当头，谁的心胸又能宽广如大海？倘若总觉得自己宽容又善良，别人虚伪又狡诈，处处遇"鬼"绝对是情理之中。严格地说，办公室中没有好人与坏人之分，每个人都既扮演鬼又扮演钟馗。

然而最终玩转办公室的，既不是鬼也不是钟馗，而是简单的人。单纯之人的世界是单纯的，复杂之人的世界是复杂的，除了少数人精里的"战斗机"，单纯依靠处理好人际关系而在办公室里平步青云的难度，比一心一意地做好本职工作至少高几个段位。

用女人的方式

赢
世界

办公室里本没有鬼,
上班人多了就有了鬼

42

Part 02
从优秀到优雅

我们心里都住着一个小人

去新公司上班第一天，江宁就被来了个下马威。早听说这家日资企业员工很跩，尤其女员工，个个以为自己是天皇太子妃。

江宁回家跟男朋友抱怨，男友说，人家是老员工，跩一点应该的，你干吗不主动去找别人说话？江宁翻着白眼看他，心想，这男人真蠢，我是新员工，弱势群体，如果再做出一副谦卑小妾的模样，以后还不被人踩死？

整整三天，她除了在电梯里跟同事点头说句"你好"，其他时间惜字如金，埋头苦干地将公司章程及部门条例背了个滚瓜烂熟。到了第四天，江宁盘算着主管该来给自己布置任务时，主管却出差了。下午，江宁的公司邮箱里忽然躺着一封邮件。

"江宁你好，我是小直。今天周末，要不要下班一起去逛街？"每个人办公桌上都有名牌，江宁知道，小直是与自己隔了两个办公桌的那个卷发女生，二十七八岁，皮肤很白，眼睛细长。

下班时，小直跑来江宁的办公桌前，跟她商量先去吃"老四川"火锅，然后去恒隆广场买鞋。吃完饭，两人扫荡了淮海路的一些小服装店。眼看到了十点钟，小直却再没提要去恒隆广场，江宁恍然大悟，原来恒隆广场是故意说给同事听的。

小直与办公室同事的交情很淡，大约因为江宁是新人，没

43

用女人的方式
赢
世界

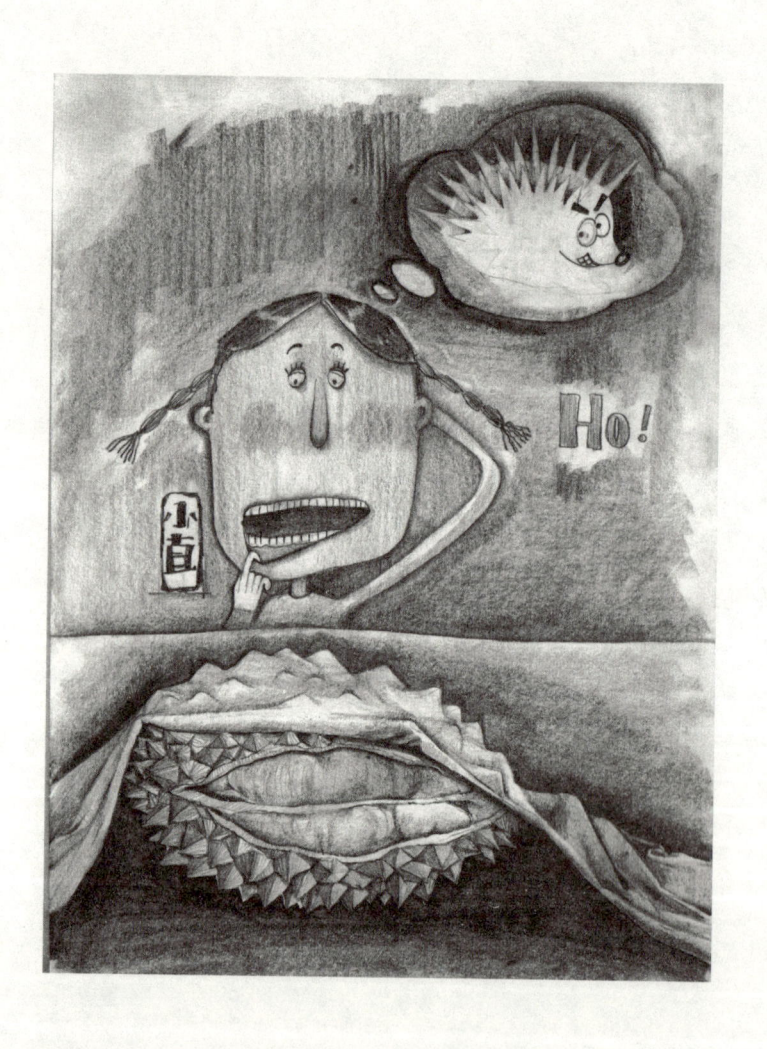

什么杀伤力，所以对她讲很多办公室的事情。比如主管喜欢刘茉莉，但刘茉莉心仪财务总监，每次她的客户总是比别人的客户更快拿到货款。COCO是个"万人迷"，可惜因为大嘴巴，男同事对她仅限于公开场合打情骂俏。刘勇敢是主管的心腹，最爱打小报告。谭美丽最为"毒舌"，谁文胸没穿合适，谁拎了A货的名牌包，谁穿了"山寨版"大衣，都会被她背后狠批，还有王大伟，是最不像男人的男人……

起初，江宁饶有兴致地听，渐渐开始忧心，为这间办公室里充满了小人与小鬼。

后来一次偶然的机会，江宁与几位同事一起出差，感觉他们并非像小直说的那样。她回来将这些说给小直听，小直哼了一声，质问道："你是不是在跟他们说我的坏话了？我真后悔对你说了那么多贴心的话……"责备的话像流水一样，一会儿就翻了页，江宁目瞪口呆，终于明白，那些小人，并非真实存在于办公室，而是在小直的心里。

办公室"被迫害妄想症"患者，通常对于自己的工作能力尤其人际交往的能力持不自信态度，在他们看来，无论自己如何努力，都不会让别人满意，索性抱着破罐子破摔的态度，不主动与他人交流，甚至轻易对同事显露敌意，仿佛自己这样做了，再成为公敌，远远好过不明不白地被扣上"恶人"的帽子。这样的思维模式在办公室厚黑学领域似乎并无不妥，最大问题却是预设了一个立场，即自己一定会被迫害。

用女人的方式

赢
世界

办公室奇妙定理之一,即"你想要什么,就会有什么",既然你认为自己一定会被迫害,结果一定不会令你失望。

人际关系紧张的根源,并不是他人皆是小人,而是你自己设了一道过于严谨的防线,在屏蔽小人的同事时也错杀了善意。

人在职场,"利"字当头,谁的心胸又能宽广如大海?在办公室中,我们追求的既不是与大家亲如一家,也不是周围满是"感动中国"的氛围,严格地说,这儿没有好人与坏人之分,只有专业人士与非专业人士之分。

有人的地方就是江湖,人际关系的确重要,然而,最终玩转办公室的人,绝不是将人际关系置于第一位的人。除了少数人精里的"战斗机",单纯依靠处理好人际关系而在办公室里平步青云的难度,比一心一意地做好本职工作至少高几个段位。

让人际关系变得简单自己又不吃亏的最好办法是把心思放在工作上,先做事再做人,事情做好了,做人欠周全那叫霸气硬气有性格,事情做不好,人做得再好,也不过是圆滑油滑乱精明。

而对待那些办公室里的真小人,最厉害的办法是忽视他无视他,你越跟他过招,他越会出狠招。

背后捅刀的女孩

初琪原本在一家规模不小的公司做业务员,老古算是她潜在的客户。一来二往,生意没谈成,老古倒成功地把初琪挖到了自己公司。

公司是做环保的。按照老古描绘的前景,环保将成为21世纪甚至今后所有时间里地球上屹立不倒的朝阳行业。开工第一天,老古为初琪开了简短的欢迎会。初琪闷头一数,整个公司只有11个人,除去初琪,还有两个女同事,分别为出纳与会计。

会计黄燕家在外地,为了节省房租,晚上就睡在老古午休的那间房子里。两个女孩慢慢混熟后,初琪半开玩笑半认真地问黄燕,躺在老男人睡午觉的床上是什么感觉。黄燕的脸红了,一双杏眼盯着地面,只管笑。初琪觉得她长得挺好看的,人也温和。当初琪在公司附近租房子时,曾经想过拉黄燕合租,后来想到她中午总是吃两块钱一张的饼,料定她是不愿意出钱租房的,也就没有开口。

在初琪进公司之前,黄燕既是会计又是秘书,但她的文字功底实在太差,初琪在档案柜里看到过去公司的各项文件,包括写给市里的报告,惨不忍睹。

"名牌大学毕业生就是不一样",是老古经常挂在嘴上的一句话,不仅单独对初琪说,也在开会时说。初琪的虚荣心得到了满足,觉得自己跳槽是正确的,在过去的那家公司,谁会把她当根葱?

初琪与老古去贵阳出差。老古让初琪去市环保局取信,信是局长亲笔写的,算是一块重量级的敲门砖。初琪拿回信,便放在自己的办公桌抽屉里,那抽屉下班时会上锁,上班的时候,初琪去趟卫生间或下楼取邮包时,钥匙就挂在锁上。

第二天,初琪准备出差所用的东西,却无论如何找不到那封信。老古的暴跳如雷是意料中的事,然而,当初琪诅咒发誓地说信是在办公室抽屉里不翼而飞的,老古却忽然安静了。他拨通了环保局的电话,低声下气地请求人家再写一封。初琪在下班前赶到环保局,取回了重写的那封信,将它装进背包,一双手紧紧地捂着它,生怕它又飞了。

贵阳出差之后,初琪的东西开始莫名其妙地失踪。一天晚上,老古想打电话给初琪,却发现存在自己手机里的初琪的号码不见了。当他终于联系上初琪,便没好气地说:"我不会没事就找你加班的,你何必那么小心,要把自己的号码删掉?"

某天早晨上班,初琪发现办公室所有陶瓷茶杯的盖子都不见了,老古的左脸颊上赫然爬着几道血痕。工程师老王见了,问老古怎么回事,他回答,被我家猫抓的。

老古带着脸上的猫痕,登上了去重庆的飞机。出舱时,差点绊倒在前面乘客的箱子上面,初琪眼疾手快地抓住了他。这次出差,沉闷怪异得像一部拍得无比装逼的文艺电影。唯一的亮点是,对方的总工程师竟然是在学校追求过初琪的一位师兄。不知

Part 02 从优秀到优雅

是否因了这层关系,合同签得出人意料地顺利。

回到宾馆,老古拉着初琪坐在大堂的沙发上。他明显喝高了,手机不断地响,他却不接。初琪悄悄看了一眼来电号码,显示的名称竟然是"小宝贝"。

"知道茶杯盖哪儿去了?被她摔了。知道我脸上怎么回事?被她挠的。没文化的农村姑娘,我出钱让她去读财会学校,我出钱帮她弟弟上学,她现在想做皇太后,你说能吗?"初琪默默听着。

辞职并不顺利。老古想尽一切办法挽留,甚至卑鄙地将初琪办公室抽屉的钥匙藏了起来。然而,一切都不能阻止初琪离开。老古在她的眼里,无论能签多少合同,赚多少钱,都是一坨屎,她不能将自己的未来与一坨屎拴在一起。

走出那幢大厦,初琪决定将混在小公司的这一页彻底翻过去。然而,她还是忍不住看了一眼卖土家酱香饼的小摊子,想起黄燕捧着一只两块钱的饼,说"我中午就吃这个"。她一点儿也不怪她,无论她曾经在暗地里给她捅过多少刀,她只是心疼,担心她睡觉的那个房间,会像一头怪兽,吞掉她那美好的、永不再来的青春。

工作固然是重要的,为一份工作而丢掉尊严,赢了工作又能如何?

成功学流毒之一是"不择手段",常常被误解为办公室必需,尤其对于初入职场,迫切需要尽快证明自己的年轻人。

用女人的方式
赢
世界

　　尽管一百个人有一百种对于成功的理解,然而,如果在追求成功的路上丢失了两样东西,职位与薪水便可能是无意义的,更重要的是,往往当你丢失了那两样东西,高职位与高薪水也会离你而去,因为老板不是傻瓜,不会重用狼与狐狸。

　　这两样绝不可以丢失的东西,一是尊严,二是善意。

　　关于尊严,我们常常考虑得很少,因为它既不顶饱也不保暖,然而它却是人类区别于动物的界限,是我们即使贫穷亦拥有希望还是即使富贵也感到绝望的决定性所在。你可以尽最大可能追求利益,但当你觉得自己不像一个人,而像一只摇尾乞怜的狗,说明你在透支自己的未来。尊严的底线被破坏,意味着你可以为了利益而放弃所有——爱情、友情、亲情,你的人生究竟为了什么?如果只是为了能从老板的口袋里多拿一点钱,那钱是会让你觉得廉价的。丢失尊严的日子,终会成为刻在你心头的一道伤疤,生活于你而言,不是享受不是奋斗甚至不是生活本身,而是治病、是疗伤。

　　善意是荒芜生活的阳光,是社交润滑剂,是我们面对挫折、失败时的星星之火,保持善意,便是保存了对于这个世界的希望,无论与同事还是老板之间,无论发生了什么样的事情,善意能够帮助你跳出自我,站在对方角度看待问题,这是化解许多矛盾的关键点。当你追求利益时,善意能帮助你努力做到利己不损人;当你被伤害,善意能让你更快地宽容伤害你的人,从而更快地走出被伤害的阴影。

办公室有"鬼"

江小年在法律顾问部工作。所谓法律顾问部,其实只是公司以备不时之需的辅助部门,由人力资源总监戴维代管,下面设了一个主任小马,人很温吞随和,只比江小年大两岁,什么事儿都有商有量,从不发号施令。

工作较为闲散,江小年的网购瘾犯了。尽管公司屏蔽了淘宝,然而搞IT的男友告诉了江小年破解的办法,江小年又把这个办法告诉了唯一的女同事娜娜,于是两人一闲下来便去淘宝乱逛。一天,江小年在电梯里碰到戴维,点头寒暄后,戴维说,法律部的事情今后会慢慢多起来,年轻人平时应该多看看书,积累一点知识,不要没事就上淘宝购物。江小年咧了咧嘴巴,想争辩公司不早就屏蔽了淘宝么,我还怎么上啊,转念想到戴维的语气如此肯定,一定是得到了内幕消息。她牙齿恨得直痒,心想自己既没拿高薪,也不想升职,老老实实干工作,怎么总有人背后搞鬼?

回去跟男友分析。尽管娜娜熟知内情,但她跟自己是一条绳上的蚂蚱,不太可能搬石头砸自己的脚。那么,最大的可能性就是外表和善的小马了,他痛恨江小年不把自己放在眼里,又不愿意得罪她,于是跑去跟上司诉苦。江小年想,这个马主任实在太阴了,上次孩子生病,自己还冒着"生命危险"帮他打卡,如今就恩将仇报起来。

用女人的方式
赢
世界

周一午餐，江小年想着找机会跟娜娜讲这事儿。没想到还不等开口，娜娜就愁眉苦脸地说，以后我再也不上淘宝了。江小年探究地望着她，问："怎么了，领导说你了？""哪有，我是自己觉得没意思。毕业两年了，还没拿到律师证。所以，我决定好好学习、天天向上……"

"一定是娜娜告的密，所以才有意在我面前摆出一副改邪归正，做上进女青年的样子，以跟我撇清关系！我就说嘛，马主任一男的，不至于那么阴暗。"江小年的怀疑对象变了，只能跟男友念念叨叨。男友正在看东野圭吾的小说，便借题发挥道："你们办公室的事儿，怎么比潜伏还复杂？大鬼小鬼都能被你撞到，也真是稀奇，怎么我们办公室从来没有鬼啊？"

"哪个办公室没有鬼？是你自己憨，没发现。"江小年抢白他。

"那我觉得还是不发现比较幸福。"男友合上书去洗澡。江小年把一只玩具公仔重重地摔在沙发上，冲着他的背影喊道："以后不许再送我玫瑰！玫瑰玫瑰，就是倒霉的巴西龟！"

与娜娜断交几个月后，一次开会，戴维谈起工作态度问题，说以后大家就不要用各种方法翻墙、越狱了，公司网络部这几年引进了不少人才，个个都是痕迹专家、破案高手。大家哄笑，江小年偷眼瞧娜娜，心里有些过意不去。

办公室里本没有鬼，上班的人多了就有了鬼。

单纯者看到的世界是单纯的，复杂者看到的世界是复杂的，

自己心里有鬼的人，总是怀疑别人在背后捣鬼。

所谓职场的复杂关系，一半是真实存在，一半来源于胡思乱想。当我们不知道哪些是真实存在哪些是虚假想象时，你是选择宁肯错杀一百也不放过一个，让自己身边充满小鬼呢，还是选择即使他是鬼，咱也要把它给暖热了、捂化了，别跟鬼一般见识？

在任何一间办公室，我们都要学会简化人际关系。办公室是做事的地方，不是后宫，虽然总有人以后宫争斗来比喻复杂的职场，其实职场与后宫最大的不同是，职场有规则，后宫无规律。在职场里，纵然有小鬼兴风作浪，也不过是小风小浪，只要你做好自己分内的事，不接招、不上当，他奈何不了你什么。怕只怕你走偏了道，本是修行人，却要做降魔者，自己的正经事没做好，天天防着这个怀疑那个，最后自己成了办公室里最令人讨厌的小鬼。

用女人的方式

赢
世界

鲶鱼被裁记

美国总公司开始裁员,彭微微所在的中国分公司上空便飘荡着一朵要下雨的云。"究竟谁会被干掉?"成了公司每天上演的《我猜,我猜,我猜猜猜》。

彭微微进公司两年了,业绩不好也不坏,与同事的关系不冷也不热。"木秀于林风必摧之"的道理她明白。即使在这样一家全球500强的外企里,女员工保持中庸也是可以颐养天年的。本来准备就这样混到退休,没想到裁员风暴即将到来,倘若不努力跳龙门,恐怕被干掉的就是自己。彭微微决定采取措施,然而,要在短期内让业务量提高可不是做做决定表表决心就OK的。

偶像小S说,要做个婆婆欢心的好媳妇首要条件是勤奋,你可以不会洗碗,但一定要装得很会洗碗。事实证明,她成功了。彭微微决定如法炮制。

"喂,陈总,我寄的资料你收了吗?""钱经理啊,我给你发了很多封邮件。""王小姐,文件转交给你们主管了吗,什么时候安排见面?"一夜之间,彭微微的客户变得满世界都是。电话打到手发烫,大会小会都发言,有事没事埋头加班,她追求上进的决心惊天地泣鬼神,搞得同事倍感压力,人人自危。主管小米笑得合不拢嘴,背后说彭微微是一条搅动职场的鲶鱼。

裁员风声越来越紧。彭微微忙于打电话、发言、帮小米打印文件,笼络同事等提升个人品牌的业务,却不小心疏忽了本职

工作，不仅业绩没有提高，还有客户投诉她张冠李戴，将给这家的邮件发给了那家。不过，小米似乎挺喜欢她。有了她的上蹿下跳，以前小米要说三次的事情，如今只说一次就够了，以前没人愿意干的累活苦活，如今也有人抢着干。

裁员名单公布的当天，人力资源部找即将被裁的员工谈话，最后一个是彭微微。

"你在公司的两年，进步不大，因此我们怀疑你无法适应本公司的运营节奏和企业文化。"

彭微微郁闷地给小米打了个电话，小米说是大家的决定，她也没办法。

半个月后，赋闲在家的彭微微巧遇过去的同事，说起裁员的事。"裁员之前，小米找部门里许多老员工商量过，事关重大，她希望表现出裁某人不裁某人是大家的决定而不是她一个人。你那段时间表现得太张扬，搞得办公室的同事意见很大，不裁你裁谁呢？"

与鲶鱼搅动办公室相比，平稳完成上面交代的裁员目标显然对小米更重要。彭微微在当天职场日志中写道："鲶鱼诚可贵，利用价更高，倘若利用完，一刀杀死你。"

每个老板都希望办公室里有一个鲶鱼般的员工，他能力不一定很强，却一定要高调，对老板忠心耿耿甚至会拍马屁，与其他员工关系平平甚至格格不入，有攻击力与杀伤力，让除他以外的所有员工产生不安全感，于是你追我赶，生怕自己落后于他人，最终死得很惨。

用女人的方式
赢
世界

有一句话说得好,老板不希望走进一间其乐融融的办公室。倘若下属之间关系太好,工作协调得过于完美,没有人感到强大的压力与危机,也就意味着大家安于现状,不思进取,或者至少让老板感觉到在这间办公室里,最孤单的是自己。

然而老板与鲶鱼的关系,像人类与药物,没有喜欢,只有需要。如果你想在一间办公室呆得更久,最好防止自己变成被老板利用、被同事痛恨的鲶鱼。

你究竟是不是一条鲶鱼,看看自己是否具备以下几个鲶鱼的特征:

○ 重视与领导的关系,忽视与同事的关系——领导是衣食父母,同事是空气水分,都是办公室生存的必需。

○ 过分喜欢表现自己,无论能否胜任,都要出头抢先——有人进电梯都不肯让别人一步,出头抢先不代表能力,而是一种习惯,是缺乏安全感的标志。

○ 喜欢争抢原本不属于自己的工作,以为这样就叫工作积极主动——办公室里无个人,规则最重要,是谁的就是谁的,独自一人撑不起一个职场。

○ 喜欢向老板打小报告,检举揭发工作不积极的员工,以为自己这样做是为了集体荣誉,为了净化工作空气——老板与员工永远是两条道上的人,彼此尊重、保持距离有利于双方维持长久合作。

○ 自觉延长工作时间,总是在加班、加班、加班,并且是免费的——是否为公司牺牲个人时间是你自己的事,但如果你总是这样做,老板自然会拿你去比对那些下班就回家的人,虽然他们已经完成了自己工作。

工作狂，办公室新公害

MARY曾经是刘依云最看好的新员工。在其他员工浏览八卦网站时，她在埋头看专业书籍；咖啡时间里，她给客户打电话；下班铃响，她还在复印参考资料。"面对这样一个工作狂下属，有时候我都忍不住要反思，自己是否用在个人生活方面的精力太多，是否对得起这份薪水。"刘依云说。起初，她时常在开会时表扬MARY勤奋上进。然而很快，她发现MARY交上来的文案总是令她失望。

"她看上去并不像个笨人，为什么会努力与成绩严重不成正比呢？答案只有一个，她是为加班而加班，为工作而工作，却缺乏热情。现在我比较相信懂生活的人才能够真正懂工作。"尽管刘依云得出了结论，可现实中如何对待这个不出成绩的工作狂下属依然是件头疼的事。每次开会，MARY都会满怀期待地望着刘依云，刘依云特别受不了没得到表扬时她眼里如小动物般的受伤神情。更恐怖的是，每次受挫后，她定会变本加厉地工作，甚至因加班而晕倒在办公室里。

原晓娟则是另外一种形式的工作狂——完美主义工作狂。一项工作，周期为五天，她习惯没日没夜地在两天内把自己的那份做完，然后不断催促PARTNER。最终统筹时，她会自作主张地将PARTNER的方案改得面目全非，最终拿出来的是具有强烈原氏风格的东西。

"她这么能干，不如申请独立工作，免得老板总以为我们故意偷懒。"

"是哦。更郁闷的是，她有时候还会把对的改成错的。老板追究，我说是原晓娟做的，结果他立刻瞪着眼睛说，你为什么把自己负责的东西交给别人做。"

对于同事的抱怨，原晓娟十分不屑。她觉得自己是公司唯一不可缺少的人，倘若没有她，所有工作都将被拖延。

阿丽则是焦虑型工作狂。她不聊天不煲电话粥，连去厕所都一路小跑，"我是工作狂"是她的口头禅。

"过去，我很享受和满意自己的工作状态，可以较轻松地保质保量做完手头工作。现在却忍不住想，是否我对自己要求太低，是否我完成的工作老板从未满意过？"阿丽的同事A坦承因为阿丽，自己有了非常强烈的不安全感，害怕成为老板眼中最不认真的员工。

自从阿丽来到公司，周围人都变得紧张起来，正常的工作秩序被打乱，谁都不想被这只"发条橙"比下去。有时候，工作压力并非来自于工作本身，而在于身边有一位工作狂，害得大家只能把已经做得非常熟悉的CASE，检查一遍又一遍，甚至上班时故意磨蹭，以求下班加班。

美国Yahoo的一项职业调查显示，工作狂已经由褒义词演变为新兴职场公害，与大家深恶痛绝的长舌妇、墙头草、偷懒虫、

野心家并驾齐驱。即使在曾以工作狂为荣的日本，也有越来越多的管理者意识到工作狂可能削弱集体凝聚力，从而使团队的竞争力严重下降。美国心理学家甚至认为工作狂是强迫症类心理疾病，应寻求心理医生的帮助。

倘若你习惯于得意洋洋地说"我是工作狂"，那么现在要警惕了，你可能因此失去友谊、尊重甚至工作。

长期以来，人们对工作狂的尊重与认可是建立在他们热爱工作的基础上。然而越来越多的人发现，工作狂们时常吊着黑眼圈抱怨工作无趣，甚至在酒醉逢知己后透露自己穷得只剩工作，想死的心都有。

美国心理学家斯宾塞教授认为，工作狂其实很难从工作中找到快乐，工作只是他们寻求个人价值、填补内心空虚、满足强烈虚荣心的救命稻草。与其说他们热爱工作，不如说他们服药上瘾。何为药？超负荷的工作。工作狂的宗旨是：不求最好但求最累。

日本三一重工人力资源部明确表示，我们需要热爱工作的年轻人，但拒绝不懂生活的工作狂，甚至将新员工工作外的爱好多少当作是否决定聘用的标准之一。公司HR经理表示，不再欢迎工作狂，尤其女性工作狂，因为他们在长期观察中发现，他们拼命工作并非为集体荣誉而战，而是满足个人心理需要，常常忽略与同事的和谐关系，拒绝建立良好合作，甚至批评那些正常的员工，吹毛求疵，造成企业内部矛盾重重。

用女人的方式
赢
世界

你是不是令人讨厌的工作狂？

○ 假如你是摩羯座或处女座，当心，全球半数以上的工作狂皆出产于这两个星座。

○ 假如父母从小对你寄予厚望，严格要求，当心，美国心理学家认为这是九成以上工作狂的童年经历。

○ 假如你习惯用工作治疗情伤，当心，你的恋爱能力将被工作能力代替。

○ 假如你工作之外的兴趣爱好与年龄增长成反比，当心，30岁以前你将变为工作狂。

○ 假如你永远渴望做职场的NO.1，当心，你恐怕未必会成为NO.1，但必须成为工作狂，没办法，只有这样，才能让你相信自己离NO.1更近一点。

○ 假如你缺乏主见，特别在意别人的看法，当心，你可能为了老板的表扬而成为工作狂。

○ 假如你特别缺乏安全感，当心，你可能因为害怕失去工作而成为工作狂。

○ 假如工作上的任何小差错都会让你觉得人生灰暗，当心，你是生活弱智儿，自信来源于工作。

如何改变"工作强迫症"

○ "我这样做，都是为了孩子，为了家庭，为了未来，为了早日退休……"放弃这个工作狂借口吧，除了老板，没有人真正需要你成为工作狂。你更需要明白的是，工作狂是一条不归路，想刹车时已走得太远，它不是一种工作状态而是一种心理状态。

Part 02 从优秀到优雅

○ "我之所以成为工作狂,是因为没有合适的爱情"是借口。许多人没有找到合适的爱情,但并非所有人都变成了可怜的工作狂。除了爱情与工作,值得女人享受的人生还有方方面面,倘若你看不到,恐怕即使爱情也改变不了你的工作狂本性。

○ 从这个星期开始停止加班。与久未见面的女友去咖啡厅小坐或租一套轻松的碟片,茶几上摆满零食和果汁,选个舒服的姿势进入剧情。

○ 快乐的人必须有一项长期的爱好,它不仅能缓解工作压力,更能避免你成为工作狂。比如王石的登山,苗圃的开飞机。从今天开始寻找,如果你对任何事物的兴趣都无法持久,恐怕心理医生会说,你可能患了抑郁症。

○ 梳理朋友圈,强迫自己每周至少见一个与工作完全无关的朋友。

○ 别再自以为是地认为同事对你冷面冷脸是妒忌你的才华,醒醒吧,人家想说的是,你妨碍了我的生活,影响了办公室整体秩序。

用女人的方式
赢
世界

没有比赞美更廉价的福利了

赞美是最廉价的福利

人生三件最幸运的事：他乡遇故知，抽奖得现金，上司脾气好。易白觉得遇到顾生是自己的幸运。顾生34岁，长得不难看也谈不上好看，但因为配套了183厘米不胖不瘦有肌肉的身材，便显得有些帅了。如果说上司长得帅不算是福利，遇到一个脾气好又爱笑的帅哥上司，就绝对可称幸运了。

顾生从没有正面批评过易白，相反，只要她有优点，有进步，总会第一时间进行鼓励，让易白觉得非常舒服。一个脾气很"婉转"的帅哥，是不由得会让下属为他卖命的，尤其年轻女下属。对于男员工，尤其能干的男员工，顾生的态度却完全不同，有时候甚至严厉到苛刻。"他对你态度好，只能说明你不重要，是只得到笑脸，得不到利益的那一个。"易白的同事A说。

当易白在公司做到第五年，手里的活越来越多，责任越来越重，年底，易白的薪水依然是涨5%，没落后也没进步。她像往年一样对自己说，没关系，老板一定可以看到我的努力。可是这话，连她自己都不相信了。

顾生依然时常表扬易白，易白却再也不是沾沾自喜的心情。每一次，她都想鼓起勇气说，如果您真的认为我这么好，就给我升职或者加薪吧。可是，她说不出口。她与顾生之间的生存模式似乎已经衡定了：他激励她，她加油干；他从不说她的重话，哪

63

怕她犯了错误；她也从不让他为难，哪怕那是自己应得。

　　"提要求"的念头在易白脑袋里转了几百遍，却终究说不出口。一次，易白做了一个非常有新意的路演方案，让公司击败了竞争对手。顾生很高兴，请大家吃饭。席间，对易白说尽了赞美的话，易白红着脸，答不上一个词。同事A坐在她左手边，见状，呵呵笑着说："猪肉比去年涨了一倍呢，顾总可不能让小易连猪肉都吃不起。"顾生端起酒杯，边与众人碰杯，边说："你就别瞎操心了，易白要是买不起猪肉，我请她吃。"大家都笑了，各怀心思。A意味深长地看了易白一眼。

　　易白清楚地记得某一次，顾生说A是公司的中流砥柱，A立刻半开玩笑半认真地说，这话可是您说的，那今年我要20%加薪。A在争取利益方面从不含糊，顾生也在向他提要求方面冷血无情。职场如情场，或者职场如战场，怎么选择要看你自己。只是，选择了情场的得不到情郎，充其量只是得到些许浅薄的情谊，选了战场的也不必冒中弹身亡的险，充其量只是脸皮厚一点罢了。

　　易白决定跳槽。她曾经鄙视为了薪水跳槽的人，觉得人应该像书上说的那样，有更远大的志向与前途。如今发现，如果一个老板不能及时地让你的能力以货币的形式被肯定，你会很快失去方向，又何谈前途？

　　"没有比赞美更廉价的福利了"，是易白给顾生的临别赠言。

Part 02
从优秀到优雅

有些老板，善于最大限度榨取员工的剩余价值，却又做得漂亮，做得不露声色，他们就是传说中的"笑面虎"。

最初，员工常常喜悦于自己的老板亲切和蔼，因为在他们心目中，坏上司通常都是肥头大耳，恶相外露，动不动就河东狮吼，同时，耿直的上司也往往容易给员工留下不好的印象。

凭直觉进行判断，常常使我们错过好上司，委身"坏"上司。

如果你希望自己在职业道路上有所建树，判断一个上司好坏，最重要的标准是公平公正、奖罚分明。只有奖罚分明的人带领的团队才是有希望的，在这样的人手下做事，你也不必担心老实人吃亏。

当然，奖罚分明的上司是稀有，更多的人是看人下菜。我们为什么总是得到赞美却得不到实惠？多半情况下，是我们过于贪恋和谐的上下级关系，不敢冒着得罪上司的风险争取自己的利益，总指望上司凭良心。上司心里究竟清不清楚？通常是清楚的。然而他时时刻刻会碰到一个问题——平衡。每个上司都是平衡高手，无论升职还是加薪，都是僧多粥少，当两位员工的利益发生冲突，上司一定会采取各给所需的方式，能用嘴巴安抚的，绝不用薪水，能用薪水安抚的，绝不用职位，最后安抚不了的，才给职位。

"会哭的孩子有奶吃"，不是一句空话，当然，前提是你首先要是孩子，如果你既无能力又无业绩，哭死都没用。

用女人的方式
赢
世界

恶人多珍重

　　第一次见面，蔡芙蓉就不喜欢李伟。他长得不算难看，穿着十分时尚，开会时，一边发言一边抹润唇膏，没事儿还喜欢"放电"。尽管许多女同事都说他很可爱，蔡芙蓉却讨厌他年纪不大，野心不小，没事儿还喜欢跑到主管小斌的办公室，递根香烟，拉拉家常，谈得兴起，两人竟神秘兮兮地哈哈大笑。

　　隔着厚厚的玻璃，蔡芙蓉不知道他们在说什么，心里却酸溜溜，觉得李伟没把自己这个助理放在眼里。

　　一次，小斌叫芙蓉进去，指着她刚送上来的客户资料，说："老王上个月已经调走了，你最新整理的客户资料里怎么还有他，幸亏李伟及时告诉了我，否则我一个电话打过去，不是闹笑话？你以后最好把上班聊QQ的精神多用一点到工作上。"蔡芙蓉红着脸站在那儿，又羞愧又恼怒。

　　这件事，使蔡芙蓉更加认定了李伟的阴险。为了不让他抓住把柄告黑状，她不仅再也不在工作时间用QQ聊天，还将工作检查一遍又一遍，生怕出丝毫差错。

　　李伟喜欢带一些很特别的小零食来公司，偷偷分给大家。同事们对于这种免费的"下午茶"很是欢迎，但他从来不给蔡芙蓉。当李伟与同事们边吃边聊，热火朝天，蔡芙蓉故作镇静地看着电脑屏幕，表面上丝毫不在乎，心里却很是酸楚，觉得自己仿

佛是一个孤单无依的孩子,上不是小斌的心腹,下不是大伙儿的知心同事,吊在半空中,极度缺乏归属感。

"我要告诉小斌,把李伟干掉。"蔡芙蓉边啃鸭脖子,边恶狠狠地宣布。"那你不跟李伟一样是小人了吗?"男友慢条斯理地说。其实蔡芙蓉才不在乎自己是不是个"小人",反正职场成王败寇,只可惜她天生就不是告状的料。无数次,她想告诉小斌,李伟正在积极笼络人心,绝对不安好心,可是,嘴巴却像被胶封住,张不开,担心如果自己那样做了,就会满身长疮,嘴巴烂掉。

她索性认命,每天只是拼命地将本职工作做到尽善尽美,想偷懒时,脑海里便出现李伟偷偷摸摸去打小报告的身影。男友出差,她给他写电邮,他回信道:"真奇怪,你居然开始注重电子邮件的格式!"蔡芙蓉红着脸坐在那儿,恨恨地想,这个死李伟,快把我变成古板的老太婆了。

认真是一种习惯,正如不认真也是一种习惯。某日清理文件柜,蔡芙蓉惊讶地发现,自己以前写的报告,不仅表格画得难看,错别字也很醒目,甚至有时候连字号都不一样。李伟的存在,使"认真"这种习惯开始渗透到蔡芙蓉所经手的每一件事情。她甚至有些享受李伟对自己的敌意(严格地说,是双方互有的敌意),欢快地想象着李伟挖空心思找自己的碴儿,却遍寻而不得,嘴巴都气歪的样子。

就在蔡芙蓉决定与李伟打一场其乐无穷的持久战时,他却忽然中弹倒下了。

用女人的方式
赢
世界

许多爱上"下午茶"的同事都舍不得他走,资深员工老戴甚至亲自去小斌面前求情,小斌却丝毫不为其所动。蔡芙蓉担心大家怀疑自己在小斌面前给李伟点了眼药水,于是悄悄跑去问老戴,要不要自己也去跟小斌求求情。老戴做了个阻止的手势,悄悄说:"我看出来了,越有人求情,老大把他干掉的决心就越坚定。"

蔡芙蓉用疑问的目光看着老戴。

"你知道老大为什么要干掉李伟?因为他太善于笼络同事。领导才不希望下面的人打成一片,整天其乐融融呢,这不仅容易反衬出他的孤独,更会让他没安全感。总之,不舒服啦。"

李伟离职不到一个星期,小斌宣布给蔡芙蓉加薪,以表彰她最近一段时间的出色表现。

接到加薪通知,蔡芙蓉忽然对于李伟的离开有了一种怅然若失的感觉。如果不是他像猛虎一样与自己对峙,自己又如何能够发挥如此强大的潜能?正如《少年Pi的奇幻漂流》中所说,危险使人警醒,而安全总让人虚弱。

如果你的办公室里所有人都是好人,这将是一个没有前途的集体,所以,当你发现办公室里有不友好分子,他们对你们格外恨之入骨,绝不应悲观而应该感到高兴。你对他人形成威胁,说明你是一个有能力、有潜力的人;你无法讨所有人欢心,说明你是一个有个性的人;办公室里有"小人",说明这是一个奋进的集体,而并非死水一潭。

Part 02 从优秀到优雅

对于不喜欢你的人，我们要做的唯一一件事就是比他更优秀。他不是你的配偶，你没有改造他的能力；他不是你的好友，你没有讨好他的义务；他不是你的亲戚，你没有与他剪不断理还乱的关系。他不过是路过你生命的一片不怎么样的风景，在你人生的这段旅程中有所妨碍，却绝不会伴随你人生所有的旅程。如果你在意，他会占满你的眼、你的世界；如果你抬头看看蓝天，低头看看小草，望向远山与河流，他将瞬间在你的世界变得渺小。

他人所能给予我们的一切伤害，都是我们愿意的。你越想战胜他，他对你就越重要，与办公室恶人决斗的路，通向的是两败俱伤，你们糊里糊涂就被他人收了渔翁之利。

○ 珍惜职场的"恶缘"，不要一味责怪那些对你不友好的同事，倘若你是一个积极奋进的人，他们的存在，恰恰能够督促你不断改进工作方式，多出成绩，少出纰漏。

○ 当你将他人定义为"小人"，并且立志与他斗争到底时，其实你已将自己与他等同。区别不过是五十步笑一百步，人在职场，谁又比谁高尚多少？

○ 当上司告诉你，自己喜欢一个团结的团队，意思是大家要各自团结在他的周围，而绝不是下属们团结成一块钢板，他钻都钻不进去。

用女人的方式
赢
世界

办公室情谊是灰色的

世上最痛苦的事，不是我爱你，你却不知道，而是我希望你消失，你却不知道。

小蓝就陷入了如此不可自拔的境地。那个应该消失的人名叫粉红，长着水蛇腰，喜欢跟男上司发嗲，有暴露癖，一天讲12个关于自己与男友的故事，更可恶的是，她还很想往上爬。

小蓝对粉红的讨厌如滔滔江水，粉红却在她眼前阴魂不散，一会儿说，我男朋友送我99朵玫瑰，一会儿又说主管刚刚夸我方案做得好。小蓝不动声色地听着，心里早已经"靠"了一百次。半年后，办公室里依然飘荡着粉红的身影，小蓝只好自己消失。辞职那天，拉朋友出去喝酒。朋友问她，如果在新单位再遇上粉蓝粉绿粉紫怎么办，她瞪大眼睛，说，拜托，我是东方不败，不是衰神二代。

小蓝带着爱憎分明的个性，换了一家单位又换一家，每家公司都有存心与她过不去的人，他们张扬、世故、好炫耀，尤其特别喜欢在小蓝面前炫耀，好像存心与她过不去似的。

"我好倒霉，总是碰到这样的人"，如果你曾经说过这句话，那倒霉一定是你自找的，如果你希望周围都是自己喜欢的人，抱歉，你还没断奶，应该去幼儿园回回炉。小朋友上幼儿园

Part 02 从优秀到优雅

所学到的第一课，就是这里没有人围着你转，无论你喜欢还是不喜欢，大家都必须呆在一起。如果你不喜欢他，于他而言，没有任何损失，于你而言，度日如年，所以，你可以轻易喜欢一个人，却绝不要讨厌一个人。你讨厌他，说明你前世欠了他的债。

对同事爱憎分明，非黑即白，是职场大忌。办公室里的情谊是灰色的，人与人之间的区别只是浅灰与深灰。灰色，初看不喜人，细瞧最耐久。

TVB职场剧集喜欢设置一个办公室反面人物，自私狡猾又精明，领导通常被他蒙蔽了，下面的人则同仇敌忾地想灭他。现实中，其实很难有这样一位集万千仇恨于一身的人物。

彼之熊掌，我之砒霜。如果给每人一支魔法棒，允许他将自己最讨厌的同事OUT掉，结果如何？办公室将空无一人。

当我们被一位令人讨厌的同事折磨到寝食难安，多半不是因为这个人果真十恶不赦，而是与我们气场不合。你所认定的客观判断无不带着深深的主观色彩，即使那人总喜欢招惹你，也不能证明他是坏蛋，而是你有什么地方吸引了他的攻击欲。

办公室不是俱乐部，我们有权利选择跟自己投缘的人坐在一起。在这个利益关系千丝万缕的是非之地，倘若你爱憎分明，必定每个地方都会遇到讨厌的人。奥巴马不可能喜欢白宫里的每个人，就像不是每个美国人都喜欢奥巴马。你以为人家提希拉里当国务卿是十分心甘情愿？预选时都恨成那样了。这叫什么？往好里说叫胸怀，往坏里说叫为形势所迫。

办公室是一个"为形势所迫"的磁场，恨一个人不要紧，

用女人的方式
赢
世界

恨过能忘就是成长。如果恨到每天都想跟哈利·波特修炼"灭同门"魔法,那叫作茧自缚、自作自受。

让我们不断学习让客观战胜主观,宽容战胜魔法欲,是恶魔同事存在的意义。所以,上帝会经常在我们身边安插他们,直到在你眼里每个同事都可爱如祖国花朵。其实,同事还是过去的同事,只是胸怀不是过去的胸怀。

天蝎座男上司

阿梅的顶头上司名叫小斌。上班第一天,阿梅穿了一双尖头皮鞋,平白使自己的脚大出了至少两厘米。小斌走过阿梅面前有意转了个弯,说:"我好怕被你的鞋踩到。"阿梅乖巧地没让那双鞋第二次出现在办公室。后来,她看到一本台湾的职场书中说,过于尖细的鞋根与鞋头都不适合于办公室,因为它们会让你的鞋子看上去像武器。

小斌说话委婉,很有领导艺术。然而,如果他说过三次,当事人还是没反应,就有他好看的了。阿梅觉得小斌有点阴,于是跑去问人力资源部的生姜,我们老大是什么星座。得到答案是天蝎。据说这是一个戒备心理非常强的星座,很难对他人产生信任感,如果你不小心惹怒了他,早死晚死都是死。

自从得知小斌是天蝎男,阿梅时刻告诫自己听话听话再听话。在电梯里碰见小斌,她会立刻奉上热情的笑容,称赞他的皮鞋像镜子头发像刷子衣服像架子。但凡小斌分派的任务,她都不过大脑立刻说"YES",事后考虑清楚,发现确实有难度,再单独找小斌讨教。对于缺乏安全感的天蝎座男上司来说,不怕下属笨,只怕下属不听话。即使你烂泥扶不上墙,只要听话,他也会网开一面,而如果你强大得像长城却不听他的话,他都有本事叫上一批白蚁过来把你灭了。

用女人的方式赢世界

这些道理，跟王美丽却讲不通。

"说我穿得像'鲜橙多'，我明天还要穿成'绿茶'给他看呢！"阿梅忧心忡忡地看着王美丽，觉得她实在犯不着对一个天蝎座男上司进行时尚教育。他喜欢女员工都穿得像祖母，由着他呗，反正你在他面前晃荡的时间最多就是生命的四分之一，还是有偿的，另外的四分之三，你想穿得像朋克教母薇薇安也没人管。

王美丽对小斌的反感，或许可以用"两强相遇"来解释。美丽在过去的公司是明星员工，被人力资源部挖过来给小斌做助理。对于小斌的指令，美丽总有自己的一套，许多时候，她那一套的确比小斌更聪明。小斌吃了两次闷亏，再遇事便先将王美丽推到前面。王美丽说的时候，小斌听得仔细，等她说完，小斌基本已将大家的想法猜了个八九不离十。

"太好了，我也是这么想的。"王美丽的意见众望所归时，小斌这样说。"我觉得这么做可能引发矛盾，可不可以这样……"如果看出来王美丽的建议不那么聪明，小斌便对其进行完善。

王美丽发现小斌得了便宜，小斌再让她先发言，她故意说自己没想好，等小斌说完她去"补充"。

慢慢地，大家都看出来了，王美丽与小斌谁都不想做巨人，而想做站在巨人肩膀上的爱因斯坦。

阿梅与王美丽私交不错，劝她乖巧一点。王美丽从鼻子里哼了一声，说："只要我工作做到完美，不信他还有本事炒我。"

Part 02 从优秀到优雅

三个月后,王美丽请年休假,小斌不批。她索性请病假出去玩了一个星期。不知道小斌用了什么神通,竟然查出她的病假是假的,于是以缺乏诚信为由奏了她一本。

自从宣布王美丽离职,小斌再也没有跟她说一句话。

"果真是复仇王子!"阿梅回家跟先生念叨。先生说,如果你碰到王美丽这样的助理,想不想她走?阿梅认真想想,老老实实地说:"想。""我也是。咱们可都不是天蝎座!"

晚上,阿梅去看陈升的演唱会。大屏幕上打着一行字:与其相信星座,不如相信年龄。阿梅在心里将它改造成"与其相信星座,不如相信职位"。

有些上司会说,我不需要你们听我的话,我需要你们有自己的想法。哎呀,这话实在太虚伪了,他想要的不过是你们既要听我的话,又要把手头的活儿做得漂亮——我想到的,你们听我的,我想不到的,你们一定要暗暗补上。这是乔布斯似的领导,信奉"过程即是奖励",你们跟着他干,是你们的荣耀。

上司与父母一样,最需要的是被尊重,而尊重他们最主要的表现是重视他们的意见,能听话会听话,即使表达不同意见,也要委婉生动,绝不可以简单粗暴。

不要相信有能力的员工就可以无视老板的尊严,即使你亲眼见到这样的事,也只是看到了开头却猜不到结局。老板可能因为暂时的利益需要而纵容某个"很跩"的下属,但他所持的心态,一定不是甘之如饴,而是忍一时之风平浪静。

总的来说，星座不是客观存在，而是为人类服务。你可以去猜测上司的星座，如果这对你有利，但无论你的上司是什么样的星座，只要掌握了与上司相处的基本原则，你基本可以遇佛挡佛，遇鬼杀鬼。

○ 摆正自己的位置。能力是虚的，职位是实的，能力只有被认可时才能发光，而职位是受公司规章制度保护的。

○ 尊重上司，哪怕他不值得你尊重。你可以选择离开不值得你尊重的上司，另谋高就，然而如果你放弃了这项选择权，除了逼自己表现得对他很尊重，你别无选择。

○ 看不到上司的优点，不是他的问题，是你的问题。没有无缘无故的成功，上司身上往往优点与缺点同样明显，不要总盯着人家的缺点，好像他是凭着一身的缺点混到今天的位置。

○ 忍耐是人生的一部分，不懂得忍耐的人，也不可能懂得享受人生，他们会将自己的生活过成一场战争。如果你需要这份工作，就要努力做到快乐地工作，与上司搞好关系是这一切的前提。

玩转『歪门邪道』

办公室是大家的,你的生活是自己的,即使在最不人道的办公室里,只要愿意,你终究能够争取到自己的氧气。

不与邪恶之人硬拼,拼赢了,意味着你变得比他更为邪恶;拼输了,你会误认为世界属于恶人,并且深深懊恼于自己不能变得邪恶。不与现实较劲,如果你觉得自己得到的不够多,那只是努力不够多,倘若努力已经足够,便是时机没有到,你并不是天生就要比现在得到更多,那些总认为命运对自己不公的人,缺乏的正是面对命运的强大勇气。

有些小技巧,可以让我们过得轻松一点,有些小玩笑,能让我们变得开心一点,工作是一份薪水半份修行,快不快乐与薪水有关却又无关。

用女人的方式
贏
世界

"至少"快乐法

万晓玉供职于一家老牌企业,在她这批员工到来之前,企业曾经有一段黄金时期。那时候,不仅员工工资奖金奇高,福利更是好得没话说,员工三天两头就要打的士往家搬东西,从卷筒纸到玉米油,从手电筒到自行车,行政部预算多得简直不知道再给员工买点啥好了。每每听老员工谈及此盛况,大家总会自怨自艾于自己的生不逢时,越想越气,越气越不想干活,并且凭空多了危机感——自己并非身处一个蒸蒸日上的企业,而是江河日下。

某次,在一片抱怨声中,忽然响起快乐的声音。"我觉得现在也挺好,至少全家人用的洗发水跟卷筒纸都是单位发的呢。"说话的是新员工小H。正在抱怨的人们顿感无趣,想想也是,如今有几家公司还想着每个月给员工发放物资福利?

开始,大家并不喜欢小H,觉得她那是故意抬杠,要不就是领导的亲戚。慢慢地,人们发现她是一枚办公室开心果,不快乐的时候跟她说几句话,包治愈。一次,大家见她眼圈红红地从老板办公室出来,原来是忘记给某个客户寄一份重要资料。有人想安慰她,她却摆摆手,说:"挺好的,至少老板没有当着大家的面给我难堪。"话未说完,脸上不自觉地有了微笑,弄得大家都不好意思说什么了。

用女人的方式
赢
世界

炒股拼的不是运气，是心态，职场拼的不是能力，是心态。心态是个虚幻的词，"正能量"更是快臭街了，然而真的有一种思维方式能够救人于水火，能够让两个生活于同样境地的人产生天壤之别的生存体验。这事儿，往难了说是修行，往简单了说，就是在生活的每个点滴都不要难为自己、难为他人，不要凭空地觉得自己应该得到更多更好，得不到的的确是最好的，但得到的才是最亲，如果你想让人生变成一场梦，就去追求最好的；如果你想让人生变为一场享受，就珍惜最亲的。

许多人抱怨几乎占据了人生四分之一的职场生活单调乏味，没有幸福感。于是有些人尝试跳槽，有些人尝试辞职，最终却发现，所谓更快乐的职业不过是未得到时的臆想。在拉丁语中，"工作"（tripalium）的本意是"刑具"。认知心理学家皮埃尔·布朗认为，"自从亚当与夏娃被驱逐出伊甸园，不得不靠自己的辛劳换取生存，工作就一直被看成上帝对人类的诅咒"。

在米兰，有一个快乐的面包师，他做的面包远近闻名。当人们问他是否热爱自己的职业，他说不，问他是否为了成就感而努力工作，他也说不。"我把每个面包做好，不过是为了生存，但我是快乐的，因为至少我可以用我擅长的工作去换取金钱。"一个人，住一间小木屋是没有问题的，木屋已经足够挡风遮雨，为他提供必要的休憩环境。小木屋中的人从什么时候开始不快乐？当身边出现一幢大房子的时候。然而，倘若我们住的不是小木屋，而是大房子，身边还可能出现更大的房子。正如那些想成为天下第一的武功高手，最终无不郁郁而终，因为真正的天下第一

Part 03 从优秀到优雅

是不存的,即使顶破天,你也不过是当下的第一而已。那么,不如退后一步,至少我们还有一间小木屋。

抱怨为什么得不到时,看看自己至少得到了什么;感叹岁月带走了太多美好时,看看至少它还留下了什么。日版《Vogue》时装总监Anna Dello Russo在谈到撞衫时说:"和别人撞衫?别怕,这至少说明你选对衣服了。"一个"至少"宽解了多少淑女名媛"撞衫不如撞车"的恐惧感。

最终得到幸福的,总是那些用最简单的方式思考人生的人。

用女人的方式
赢
世界

搭讪有术

你工作三五年了，却从未跟隔壁办公室的同事聊过天，而刚来没三天的那个小妞却笑声传遍五湖四海，走廊里、电梯中、咖啡间，处处都是她的熟人，尽管还没有任何工作业绩，可是连主管都感叹"这个女人不简单"。她会魔法或者老爸刚好是老板？当然不是，原因不过是她比你更舍得搭讪。

你的生活按部就班，没有捷径。办公室就像公寓楼，你苦苦耕耘自己的小天地，住十年八年却不知道对面邻居的模样。倘若身边没有出现一个因为搭讪而飞黄腾达的参照物，你觉得这样的生活也不错。遗憾的是，在我们身边，永远存在一些搭讪有术的人，像站在巨人肩上的爱因斯坦，轻易颠覆了传统价值观，而偏偏那巨人原本也是站在我们身边的。

若干年前，在飞往香港的飞机上，邓文迪成功搭讪了默多克新闻集团董事、即将赴任Star TV做副首席执行官的Bruce Churchill，从此命运之神开始向她抛媚眼儿。在Star TV做实习员工期间，她逢人便搞自我介绍"嗨，我是新来的Wendy"，甚至不声不响地冲进高级执行官的办公室讨论公司大计。在那大腕云集的地界儿，她算哪根葱？人们以为她疯了，却不知不觉记住了她。终于，她成功搭讪了老板默多克。

如果想让别人认可你，首先要让他们认识你。

Part 03 从优秀到优雅

搭讪的技术含量,等同于扫地。不愿意做的人不是不会做,而是骨子里的虚荣、清高与不切实际。不想成功的人,是害怕自己不能成功,懒得理别人的人,基本就是指望着别人都来主动答理他。可惜在办公室,浪漫主义终会死无葬身之地。

世界上存在性格内向的老板或上司,也一定有人私下认为爱搭讪的员工是疯子。然而,职场是一个魔法森林,任何进入其中的人都会不小心戴上面具。即使天生低调内敛的领导,也会出于一种对集体的维护与热爱而抬举爱搭讪的下属,因为就是他,让办公室变得不再死气沉沉,异常合作地表现着视公司为"其乐融融大家庭"的革命乐观主义。

倘若你混得不如意,那么,从今天开始,请对每一个即将与你擦肩而过的同事说一句"你好",这是召唤幸运之神的暗号。倘若你打定主意金口难开,恐怕只能认命了。什么命?小姐脾气丫环命。

有人问"情商第一勇"蔡康永,主动与自己不喜欢的人说话,是虚伪还是懦弱呢,康永说,都不是,是教养。

那些不愿意放下身段的人,高端大气地走出电梯间,对一切视而不见,在心里默默鄙视跟所有人点头搭讪,无论他人反应如何都微笑应对的"虚伪的家伙们",却没有意识到,自己所表现出的清高,不过是因为对人际交往的不自信,害怕热脸贴冷屁股,害怕播种却无收获,他们往往比那些乐于搭讪的人更介意得失、成败。

每个人都期待一场深入人心的谈话,那的确是一种享受,然而，深入人心的谈话就像性高潮，不仅要找对人更要找对时间地点。与之相比，搭讪是一盘清水煮青菜，味道比大餐差得太远，于你却同样是有益且必需的。

如果你总开不了口，不是性格问题，而是心理与技巧问题。

○ 自我与自私一念一差，个性魅力与性格古怪一墙之隔，决定你究竟站在天秤哪一端的，是成就与身份。没错，世界就是这么势利，乔布斯如果没有创造"苹果"，假如他是一事无成的同事A，必会被票选为最自私最古怪最令人讨厌的同事；李国庆如果是丝，他的摇滚范儿整个就是犯二。所以，如果你不是天才，还是不要学天才范儿，善待你所遇到的每一位同事，给一个微笑道一声"你好"，这不是自残，是修养。

○ 搭讪最难克服的心理关是"凭什么是我"，请多问自己一句"凭什么不是我呢"。

○ 搭讪不需要很多技巧，你要做的只是微笑，然后说一句无关痛痒的废话：今天天气真好、你看上去气色不错、最近真是好忙啊……

○ 不要试图开始深入的谈话，不要谈复杂的问题，不要对对方进行赞美之外的其他评判，不要说同事八卦。

成功有秘密，COPY需谨慎

一个男人如果成功，大家不免猜测背后的机遇；一个女人如果成功，大家不免猜测背后的歪门邪道。

阿娟是广告部业务状元，爱戴"美瞳"。眼珠有的是棕色，有的是绿色，有的是深蓝色。尽管眼睛不大，然而跟人说话的时候，喜欢像央视一姐董卿那样忽闪眼睛，嚓嚓放电。这一招颇有难度，倘若不对镜苦练，很容易搞成翻白眼儿。尽管同事们颇受不了她这风情万种、直指灵魂的"电眼"，然而，因为有业绩作证，"电眼功"很快在女员工中风靡。

终于，阿娟跳槽去了一家更大的公司，阿丽跟进她的客户王生。阿丽的眼睛更大，电力更足，梳妆台上配备的"美瞳"品牌更全，颜色更多。于是，她满怀信心地去见王生，准备先电晕，再签约。阿丽只顾着"放电"，当王生询问她对于新一年的广告投放有什么好建议时，阿丽差点想不起面前这是做内衣的王生还是做护肤品的王生。王生借口开会，打发走了阿丽，心想，这就是传说中的天然呆？

阿丽心里纳闷：难道是因为隐形眼镜的颜色太低调？第二次，换了墨绿色的美瞳，一半灵魂是费雯丽一半灵魂是波斯猫，眼波流转间，像带着两盏小闪光灯，直把王生电得不敢正眼看她。待阿丽简要叙述完自己的想法，王生忽然表情颇为八卦地说："专门招收有眼疾的员工，是不是你们公司IC的一部分？我觉得这个创意很有意思！"

85

用女人的方式赢世界

阿丽这才知道，阿娟有轻微斜视，戴美瞳是为了遮盖缺陷，而所谓"电眼"，不过是上帝送给轻微斜视人群的礼物，他们有一只眼睛无法聚集，反倒显出了一种漫不经心的风情。

"她每次跟我交谈，都能拿出击中我的点子。这一点，你不如她，尽管你们的眼睛都长得不像人类。"王生的话让阿丽无地自容。

美国当红美女作家Marian Keyes的作品中有这样的总结："你越有钱，你的手袋就越小。里面放一只小巧的手机、一张信用金卡、一把奥迪TT的钥匙，再加上一支Lancome果汁唇蜜。"因为有钱，所以不需要大手袋放置乘公交的零钱，这是一个成立的推理，但如果反过来，以为但凡用了手抓包就能变成有钱人，只能说明有脑的人类比没脑的猩猩更愚蠢。

投机心理是人类的先天基因，所以我们总以为成功有捷径可寻，于是拼命找寻成功者背后的秘密。结果找到了美瞳、电眼、香水、暧昧、撒娇……当我们将这些"穿戴"齐整，却恰恰学到了别人的缺点，放弃了自己的优点。

"他机会好"，"他运气好"，"他好会混"……将注意力集中在自己所不能把握的事情上，只会为人生平添挫败感。在办公室，我们最有把握的事情是什么？努力。

除去极少数可以忽略的特例（官二代与我们不是一个世界的），成功者身上最值得我们模仿的，或者说首先值得我们学习的，除了努力还是努力。

对于成功者恶意的猜测，的确能够让我们获得短暂的快感，付出的代价却是永远无法正视自己的缺陷，也就永远无法修正消极而必然残缺的人生，无论你学到多少成功人士身上的"厚黑学"，心态永远是丝的——我所遭遇的一切挫折都是社会造成的。

电梯是个小社会

周一早晨，赵小赵站在公司楼下等电梯。办公楼比她过去工作的地方气派，相应的，电梯多，等电梯的人也多。赵小赵像高峰时段站在自己家楼下时一样，贴墙占据了电梯右侧最有利的位置。大学的时候，她是挤公交高手，后来住进了高层楼房，她又成了挤电梯的高手。

电梯来了，赵小赵第一个钻了进去，接着一个胖子不紧不慢地进来，另一个戴眼镜的瘦子也进来了，再进来的是一位风姿绰约的中年女子。电梯很空，门外的人却自觉地站在另一部电梯前，有人朝电梯内的胖子点头致意。电梯门自动关上了，没有人按住开门键，也没有人按关门键，一切平稳随意自然，仿佛大家都不急着打卡一样。

除赵小赵之外的人开始聊天，有一句没一句的，无外乎天气情况、新款手机、网络八卦。赵小赵在7楼下了电梯，然后看到电梯直达本幢大楼的最高一层停下了，那是公司领导专属楼层。

这个笑话后来一直被大家津津乐道。每次，赵小赵都对大家说，鄙人过去供职文化单位，那儿自由春风劲吹，拍马屁为大家所不齿，常常是一群人一起等电梯，大家都上了，领导没挤进来，电梯上了两层，才有人醒悟：刚才是不是应该让领导先上？下一次，大家依然蜂拥而入，腼腆一点的领导，自然又被关在了电梯外面，身为领导，都不愿意与下属贴身肉搏，倘若下属够彪悍，领导只好羞涩一点。

用女人的方式
赢
世界

电梯间的时光，
是我们社会的片段

赵小赵认为这是合理的,把员工先送到指定地点,让他们打开电脑手指开动起来,领导姗姗来迟,方能显出胸有成竹的气势。

半年后,赵小赵去男朋友的办公室。他供职于外企,办公地点是城中地标写字楼,几乎每时每刻,电梯都是难等的。赵小赵与男友好不容易挤了进去,尾随的是一位体形略胖的中年老外,他一进来,电梯就超载了,他立刻退了出去。男友悄悄对赵小赵说:"那是我们总监。"

"我们应该下去,让他先上。"

"为什么?是他进来之后,电梯才超载的。"

在民营企业工作了大半年的赵小赵已经习惯了"让列宁同志先走",男友却坚持"只有规则是公平的",电梯规则就是谁造成超载谁退出。

晚上与朋友饭局,两人又开始争论这件事。一起吃饭的IT男毫不犹豫地跳出来加入了战斗。"你们说的电梯都没我们公司的险恶。我们领导个子特别矮,每次进了电梯就看不着,搞IT的思维比较直线,想到什么说什么,往往下电梯的时候,才发现领导就在大家中间,追悔莫及。于是大家商量,发现领导在电梯里的人,要给后来者报警。"

"怎么报警?"赵小赵好奇地问。

"聊乔布斯。"IT男答。

大家笑。办公室说无聊够无聊,说有趣又很有趣。无论你在不在,江湖都在。

89

用女人的方式赢世界

　　倘若江湖不险恶,便不会有那么多好看的武侠小说;倘若人们不知道在险恶的江湖中寻找生存的乐趣,武侠小说便不会有那么多忠实的读者,即使看淡或者看透人生,终究跳不过舍不掉的,也不过是每一天的那一点小烦恼或者小乐趣。

　　电梯间的时光,在我们人生中几乎微不足道,却往往从侧面反映一个人,一种企业文化。那些一进电梯门,就像后面跟着恶鬼似的按关门键的人,那些看到有人百米冲刺地跑来,却毫不留情地按了关门键的人,不要指望他们会是你的好搭档,虽然被关在电梯外的不是你。

　　电梯恶行还有:在电梯里吃东西、拍身上的灰尘、手机外放音乐、抹味道浓烈的香水,往异性同事身上蹭、大声说笑、向领导发嗲。侧身站立会使电梯容积率变低,面向大家站立,给人以压迫感,走进电梯,立刻转身"面门思过"的才是好同学,电梯这个小社会是个人修养的一面镜子,无论你的上司还是同事,倘若他们在电梯间令你非常不爽,你与他们在工作中也不会爽到哪儿去。

饭局课堂

老戴是南京人,不喜欢女同事,甚至扬言职场是男人的天下,女人都应该回家带孩子。谢明丽刚来的时候,有一些产品数据看不懂,请教老戴,老戴故意把椅子拉得离她两米远,说:"我很忙。"部门里的女职员都想把老戴剥皮抽筋下油锅,可他偏偏业务水平超强,连主管刀豆都让他几分。

一次部门聚餐,谢明丽去晚了,只有老戴旁边的椅子空着,她只好硬着头皮坐下。刀豆让女员工给老戴敬酒,大家低着头假装回短信,谢明丽心里也一百个不愿意,却还是举起了酒杯,女中豪杰似的说:"偶像,无名小粉丝敬您一杯!"大伙儿哄笑,老戴愣了一下,仰头喝干了那杯酒。

酒过三巡,老戴主动跟谢明丽聊天。问她住在哪里,男朋友是干什么的,以前在哪家公司做过,谢明丽受宠若惊地一一作答。此后,每逢公司饭局,谢明丽总是主动坐在老戴旁边,毕恭毕敬地给他敬酒。老戴初时还端架子,喝过第三杯,便像被子弹打了洞的沙袋,滔滔不绝地诉苦,说出生不久的孩子每天晚上哭得他想上吊,难缠的客户跑到刀豆面前告自己的状,老婆管得严连跟女同事说话都不许……经过几次饭局谈心,谢明丽与老戴的关系明显融洽。尽管在办公室,老戴还是一副男女授受不亲的屌样,暗地里却没少在刀豆面前夸谢明丽。谢明丽当然也不再与他计较态度问题，养家糊口的男人，戴着面具闯荡职场，背后还有一个河东狮，哪儿还能指望他怜香惜玉，讲什么绅士风度呢？

"当你恨一个人的时候，应该问问自己，我是不是从没有试图全面了解过他。"谢明丽赞同石油大亨洛克菲勒的这句话，不过，她想在后面补充一句："饭局是全面了解一个人的最好舞台，因为每个人在吃饭的时候都会放松警惕。"

在老戴那儿尝到了甜头后，但凡与工作有关的饭局，谢明丽总是刻意坐在自己感觉不那么亲近的人身边。刚坐下的时候的确不怎么舒服，可是，几道菜上过，几杯酒下肚，眼神凌厉的女老板变身知心大姐，高傲的闷瓜客户变身大嘴巴阿哥，而谢明丽，以不变应万变的技巧是先开口说话，说好听的话，一场饭局下来，大家尽释前嫌，化敌为友。

谢明丽将这个秘诀告诉了处于职场瓶颈期的Gay蜜。Gay蜜质疑，那岂不是很累？谢明丽不以为然地说："怎么会？难道你不想知道平日里看上去最保守最严厉最正经的大叔，喝酒之后会跟旁边的小美眉说什么吗？"Gay蜜对谢明丽佩服得五体投地，送给她金光闪闪的七个大字：八卦处处放光芒。

许多人习惯于饭局时，坐在与自己关系最好的同事或客户身边，虽然气氛放松，却失去了自我提升、拓展人脉的机会。要知道，业务饭局与朋友聚会最大的不同是，你需要通过饭局认识朋友、得到信息、改变格局，而不是吃到肚皮溜圆，滚回家睡觉。

美国基金公司经理盖伊·斯皮尔以65万美元的价格拍得与投资大师华伦·巴菲特共进一次午餐的机会。巴菲特给他上的第一

堂课是为午餐做足准备，他不仅给孩子们带了巧克力，甚至能够说出斯皮尔太太的出生地。

巴菲特先生对于自己5岁之前从未尝试的食物避之不及，许多其他的职场精英也不是美食家，却都是餐桌主义者，对于餐桌的重视远远超出普通人想象，相应的，他们将这种要求带到了自己创立的公司。

麦肯锡顾问公司在决定雇佣一个人之前，会仔细观察他的用餐表现，包括吃完一只鸡腿所用的时间。高盛银行则会在面试前安排鸡尾酒晚餐，淘汰掉所有的"饭局白痴"。一位芝加哥大学商学院毕业的高材生，因为错失了一场饭局而连面试的机会都拿不到，这绝不是传说。

这听上去的确不公平，然而，愈是优秀人才云集的地方，公平愈是稀缺资源，老板总要想办法淘汰一些人，或者有另外一种说法：饭局是人生的第二个职场，无论你的专业水准多高，缺失了饭局这一课，也就丢掉了打开通往更高领域的钥匙。

电影节红毯上光芒四射的30秒，需要一年的苦练，这是演技的另外一个战场，无论你在电影中的表现多么优秀，倘若只做红毯隐形人，观众会慢慢将你忘掉。职场人的饭局相当于演员的红毯。基于它的重要性，某些商学院开设了餐桌课。老师用DV录下每个人用餐时的全程表现，然后不断回放给学员看。对于学员来说，这是一场艰难的回顾，然而，唯有如此，他们才能明白，饭局达人是经过多么艰苦的训练，方能做到在饭局上看似随便的从容。

用女人的方式赢世界

餐桌是一个容易拉近人与人之间关系的地方,相应的,也是最容易暴露个人弱点的地方。它与办公室最大的不同在于,没有明确的任务分配,甚至没有必须遵守的上下级戒律。在每个人的表现机会均等的时候,才是最残酷的厮杀,因为这意味着如果你不争取更多的表现,就可能压根没有表现的机会。同样的一场饭局,有人认识了a bigwig,要到了他的电话、邮箱,并且给他留下了良好印象,有人只是吃饱了肚子。十场或者一百场这样的饭局之后,两个人之间的差距就不是瘦人与胖人,穷人与富人,而是金星与火星。

○ 握手时,伸出自己软绵绵的手,会让对方产生轻视你的欲望,倘若他是个色狼,还会毫无顾忌地骚扰你。

○ 左手拿一只酒杯与人交谈,你会显得更自信。

○ 不要在晚餐前抹护手霜,没有人愿意握住一只油腻腻的手。

○ 小口吃食物,以便在有人忽然与你搭腔时快速咽掉它。

○ 当你凭直觉不喜欢一个人的时候,往往他也从直觉上不喜欢你。如果你能在吃饭时主动坐到他身边,他会想:"我以为他也讨厌我呢,原来并非如此。"他惭愧于自己的小气,会主动与你交好。

○ 倘若没有酒后喜欢暧昧的男职员,所谓女职员的性别优势也要打折,眼里揉不得沙的人适合呆在家里。

你会开会吗

Steve Jobs去世后,传记作家Walter Isaacson首次披露,这位创意天才在从事第一份工作时,曾经因为笃信另类养生方法,疏于洗澡,而在参加公司会议时,被老板嫌恶。老板不喜欢这个有"狐臭"的年轻人坐在他的会议室里,尽管他看上去还不错。

一入职场会如海,管你姓乔还姓王。

中华英才网的一项职场调查显示,14%的职场人每天参加会议,59%的几乎隔一天开一次会。你职业生涯的五分之一甚至更多时间是在会议室度过,无论自愿还是被迫,喜欢还是厌恶,会场表现都将在某种程度上决定你职业生涯的走向。可惜,与完成工作和业绩考核相比,开会表现常常被我们忽略。同样的一项调查显示,只有两成职场人愿意在开会时发言,超过13%的人认为开会极其无聊。

开会古已有之,司马迁在《史记·五帝本纪》中记载,帝尧时代,洪水滔天,尧召集"四岳"开会,推举治水之人。李敖先生说:"所谓文明,就是使谋生变得越来越复杂的活动。"这句话套在现代企业管理中,可以这样说:所谓职场,就是使会议越来越多的活动。

如何让那些看上去与自己关系不大却又必须出席的会议变得有价值？

"要让无聊的会议与自己发生关联，唯一的秘诀是投入其中。"一位猎头界资深人士如是说。当你坐在离会议核心人物很近的地方，努力倾听，积极发言，即使你的发言没有被重视，却已经显示了"我在这儿"的气场。与躲在角落里所散发的"有我没我都一样"的气息相比，它帮助你呈现出的是老板相当看重的素质——积极、主动、努力、无畏。

事实上，这也是大多数老板喜欢开会的原因。美国管理学家蓝斯登认为，管理者通过开会排解在团体中的孤独感与不安感，他们希望在会议中看到不熟悉的面孔，发现有潜力的员工。

对于有志向的员工来说，每一次会议都是有用的，只有没想法的人，才会问为什么要开那么多"无聊"的会。

爱情童话往往开始于一桩糗事，职场童话往往开始于一次会议。

开会达人的吉利数字

"1"

"1"是重点，是解决，是答案，"1"不是"疑"。

如果你总是不知道如何将想法表达得更清楚，问题的症结很可能是你想要表达的太多。仔细观察那些开会时不急不燥，落落大方的职员，很容易发现，他们习惯于一次只说一个问题。在枯燥的会议环境中，将一个问题说透比提出十个新问题更容易给人留下好印象。

Part 03 从优秀到优雅

"2"

"2"是安全，是稳妥，是谦虚，"2"不是"二"。

如果是泛泛而谈的口水会，最好选择第二个站起来发言，因为第一个发言容易被当成抢风头，落到后面发言又容易被别人抢话头。如果你对讲话内容做了精心准备，有把握让与会者眼前一亮，最合适的选择是倒数第二个发言，让老板产生"柳暗花明又一村"的惊喜。

"3"

"3"是挑战，是证明，是宽容，"3"不是三个和尚没水喝。

如果你想要说明自己的观点，应该至少有三个论据；如果你想反驳他人的观点，也至少要准备三个理由。无论什么时候，都要谨慎说出"我反对"，即使是面对一位大家都不喜欢的新员工。创新工场CEO李开复表示，他重视员工在会议上的表现，认为这比业绩更能反应他们的情商，并且一再强调，开会的时候，"无论反对与批评都应该是建设性的，高度有诚意的，不是为批评而批评，为辩论而批评。"

"5"

"5"是准备，是从容，是尊重，"5"不是"我"。

开会前的5分钟保持安静与镇定，电脑待机，手机调到会议模式。如果要发言，利用这5分钟时间，在大脑中梳理自己的讲话内容；如果不需要发言，可用2分钟去洗手间，补妆，解决私人问题，剩下的3分钟从容前往会议室。只有提前到达，你才有机会选择自己想坐的座位，并且有可能在同样提前到达的上司面前，留下深刻印象，这远远比在电脑前多工作5分钟重要。

用女人的方式
赢
世界

"10"

"10"是热爱,是坚持,是催眠,"10"不是十全十美。

在职场中,勤奋的人与有天赋的人,谁走得更远?答案是有热情的人。美国投资家华伦 巴菲特说:"我和你们没有什么差别。如果一定要找一个差别,那可能就是我每天有机会做我最爱的工作。"热爱既可以创造奇迹,也需要用心经营。直觉似的热爱很容易被重复的工作杀死,当你不得不参加很多会议时,必须说服自己,快乐地去完成,十分的热情,十分的努力,十分的状态。

"15"

"15"是角度,是方便,是Smart,"15"不是"宫心计"。

美国职场心理学家研究发现,开会时,上司最舒服的姿势是头部转动小于15度的角度去注视发言员工。如果你坐得离他太远,他需要伸长脖子去看他;如果你坐得离他太近又太偏,他需要努力转动脑袋才能与你正视,这些都会阻碍你们目光的交流。因此,开会的时候,机会多多又不容易引起同事猜测的最佳位置是,第二、第三排或者椭圆桌的上司斜对面。

Part 03
从优秀到优雅

年会暧昧

日历翻到十二月,总有一种怪异的气氛。一年的光阴如逃跑的小兽,"咻溜"一声便不见踪影,心里那一点苍凉的味道还来不及冒头,便被各种庆功会、总结会的酒气覆盖了。

刘紫薇觉得女人混职场不易,赚钱不多,要花钱的地方却总比男同事多。进入十二月,她就开始为穿什么衣服发愁。虽然"穿什么"是某些女人的终极命题,出现在她们每一个睡眼蒙眬的清晨,刘紫薇却一向不是那样的女人。她太知道自己要什么,所以才会为年会、联欢会、庆功会等岁末的一系列活动穿什么而伤脑筋。

办公室流传甚广的故事是关于总经理秘书王水仙。某次年会,她穿了一件纯黑色带小飞袖的紧身连衣裙,总经理竟然主动邀她跳舞。一支曲子完了,又来一支。彼时的王水仙,不过是行政部一名普通职员,除了瘦,还是瘦,瘦得只剩一张嘴巴了。一条小黑裙与一张能言善辩的嘴巴铺就了她通往总经理办公室的康庄大道。后来大家才知道,总经理是奥黛丽·赫本的死忠粉。

第二年年会,各种身材都挤进了小黑裙,王水仙却以一件柠檬黄色的花苞裙笑傲全场。刘紫薇经过王水仙的身边,恰巧听到HR总监对她说"你今晚真像一株亭亭玉立的水仙"。

整个十二月,连带一月的一半,办公室里都飘着一层暧昧,

用女人的方式
赢
世界

像刚出锅的过桥米线上的那层浮油。在平静的浮油之下，会有一个什么样热气腾腾的故事，谁也不知道。

世界上所有的关系，都逃不过男女关系。刘紫薇在职场混到第七年，不得不承认这件她始终不太愿意承认的事。

既然男人可以通过喝酒抽烟打麻将或出国时与老板一起看特殊表演拉近彼此的关系，暧昧对女性来说，当然也是无可厚非的生产力。

最终，刘紫薇选了一件领口似一片被扯去的花瓣的小黑裙，裙裾有层小小的金色荷叶边。她刻意买小了一个尺码，每天晚上试一次裙子，看看是紧了还是松了。

每逢她将自己硬塞进裙子或因为要把自己塞进裙子而在晚餐时刻意少食，她的老公都优越感大爆发地感叹道："当女人不容易。"

刘紫薇却已经学会乐在其中。小黑裙挂在衣柜最显眼的地方，裙裾的黄色荷叶边像黯淡人生的一道风景。做完一天的工作，开完一天的会，它倒成了刘紫薇在这一年将要过去时最温暖的抚慰。

无论如何，一个不懂得在岁末各种抛头露脸的活动中展示自己最漂亮那一面的女员工是没有前途的。办公室如果让你忘了自己是女人，你也成不了男人，只能是不受欢迎的男人婆。

或许一年中，你仅有这一次机会，与公司高层一起吃饭，尽管你与他们未必会坐在同一张饭桌上，你也并不想将红酒洒在老板的西裤上，以求让其对你印象深刻，但如果你连给他们留下深

Part 03 从优秀到优雅

刻的印象这件事都不敢想,说淡泊是给你戴高帮,更适合你的形容词是懒惰。

○ 年会着装,合身合体最重要,切忌以奇取胜,当然,女士们应该穿一件新衣服,或者至少没有在办公室出现过的衣服。
○ 无论潮流如何变幻,连衣裙是永远稳妥的选择。
○ 如果不想被女同事的目光秒杀,千万不要穿得过于大红大紫,中式衣服在职场中总会给人一种不够专业的印象。
○ 当然要有点小小的性感,却绝不要借由"露肉"去完成。

用女人的方式
赢
世界

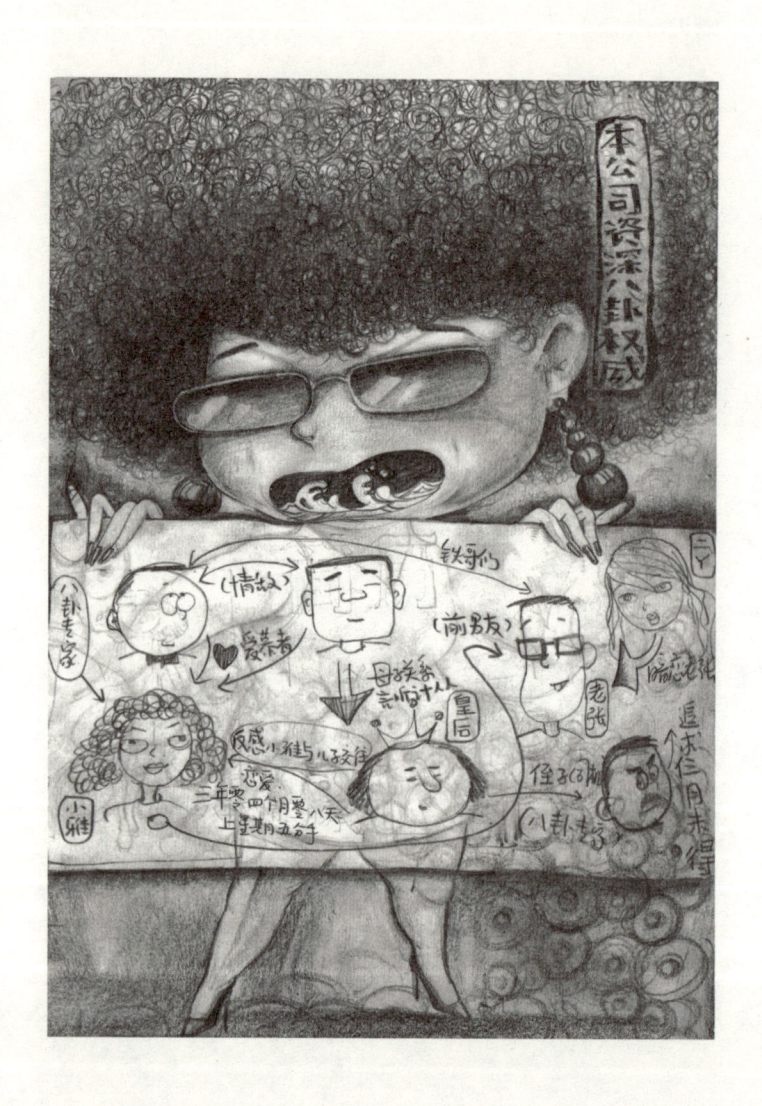

Part 03 从优秀到优雅

咱们八卦有力量

五年的工作经验，让梅丽很清楚每个公司都有"秘密"，倘若对于秘密一无所知，你可能无意中得罪至关重要的人物，而要掌握这些秘密，你必须与办公室中的八卦人群保持友好关系。

来新公司上班的第一天，梅丽发现坐在自己对面的安妮热心快肠，喜欢聊天，并且在这个部门已经做了八年。"她一定知道我想要知道的一切。"梅丽想。然而，她并没有直接去打听老板是不是跟助理有一腿，而是约安妮逛街、吃饭、喝咖啡。在聊天中，"无意"地知道了看上去老实的A是老板的心腹，而看上去关系很一般的B与C，其实是一对"地下情侣"，梅丽的主管上司严重偏食，见到羊肉与香菇会吐，还不喜欢吃鱼，公司聚餐时，千万不要点与这些沾边的菜肴……

一日，与梅丽一起进公司的茱莉数落办事员琳达做事缺乏效率，两人争吵起来。"不就是一个小小的办事员吗，有什么好跩的？"茱莉余怒未消，四处告状。一个月后，茱莉离职了。"如果茱莉知道琳达只有中专文化，能在这家公司做办事员全赖她是老板的远房亲戚，一定不会蠢到与她发生过节。"梅丽庆幸自己在办公室八卦中获得了避免触礁的救生圈。

许多大导演选角，都喜欢先通过八卦周刊放个风，看看大家的反应。如果赞同的多，就定他了，反之换人。这样做的风险，当然比戏拍出来才知道主角没选对要小得多。

用女人的方式赢世界

四年后，当梅丽坐在了主管的位置上，依然热爱八卦，重视八卦，只是换一个角度，她不再打探八卦，而是利用大家的八卦心理管理团队。当她决定给每年业绩前五名的员工办理额外的商业保险时，拿不准这一步棋究竟对大家是激励还是会引爆大部分员工的不满情绪，于是，她让助理通过八卦方式将这个消息散播出去，得知大家情绪平和，才正式公布。

梅丽认为，"八卦网络"能够迅速测试出员工对于某项决策的反应，主管据此判断这个决策究竟弊大于利，还是利大于弊，最大程度避免了主观决策。

尽管比尔 盖茨时常板起面孔告诫员工"不要在背后议论你的上司"，然而他从八个月大就能自己晃动摇篮的"八卦"仍然在微软员工中广泛流传，大家意识到这是一个精力过人的家伙，永远不要试图与他"斗"。

倘若你在求职简历中透露自己热爱办公室八卦，如同热爱天涯论坛，恐怕没有哪个人力资源经理敢于聘用你。尽管美国伊利诺斯州Knox大学的心理学教授Frank Mcandrew认为，"管理者无法阻止流言，那跟禁止呼吸一样困难"，然而，作为办公室生活最重要的一部分，"八卦"却始终处于被歧视地位。没有员工愿意被扣上喜欢传播八卦的帽子，更没有上司愿意被描述为"乐于打听员工的八卦"。然而，任何一个职业人都不得不承认，办公室八卦不仅为他们枯燥的职场生活增添了无穷无尽的乐趣，更常常成为最权威的非官方消息发布渠道。"它的消息要比官方的更早、更全面，有时候甚至更真实。"法国南特商学院研究室主任Grant Michelson如此看待办公室八卦。

Part 03 从优秀到优雅

按照萨特的理论，存在即是合理。办公室八卦历久不衰，每个人都可能成为其受益者。

○ 要对八卦表示十足的好奇，只有这样，才能隐身于八卦人群。热衷于传播八卦者，通常对于他人的关注有着很高的期许，如果你总是一副满不在乎的样子，会严重地伤害对方的八卦热情，甚至背上有心计、假清高的恶名。"真的吗？""太有趣了！""好好玩哦，快讲讲。"卡通式的夸张表情和语调，是对她最大的鼓励。

○ 从原则上说，对于办公室八卦，最好只长耳朵不长嘴巴。然而，倘若你永远如此，大家很可能对你产生反感。你所要掌握的原则是，绝不要让重磅八卦从自己口中流出去。比如昨天你看到老板与秘书约会，那么即使面对办公室密友，也不能说。你可以有选择地传播一些关于"办公室公敌"的八卦，他们的确够倒霉的，然而没办法，关于这些人的八卦是最安全的，连老板都懒得去查八卦源头到底是谁。

○ 有时候，老板的八卦热情远远超过下属。他们喜欢利用出差或单独外出的机会，向你打听哪位员工嫁了大款，哪位喜欢偷偷将茶水间里的饼干带回家。你不能不说，也不能什么都说。安全方式是说已经传播很广的八卦，如果他没听过，会很开心，觉得自己掌握了新情况；如果听过，也会开心，觉得自己是个消息灵通人士。

○ 众所周知，网络聊天可能被监控，公司邮箱更不安全，从安全角度来说，最好不要将八卦形成文字。

○ 永远不要在上司眼皮底下交头接耳，有些人可能觉得自己并没有说什么不可告人的事情，然而，上司在乎的往往是下属的态度。他喜欢看到办公室里静悄悄，每个人都在埋头苦干，而不喜欢远远地看到两个下属谈笑风生，而他却并不了解他们谈论的究竟是什么。

105

用女人的方式
赢
世界

茶水间，人际关系修理厂

作为行政主管，茶水间的供给是茉莉工作职责的一部分。水温如何，咖啡够不够浓，冰箱里面放什么样的小食品才会既让大家满意又不会超支，都是需要她动脑筋解决的事。功夫不负有心人，茶水间也是她最重要的政绩，尽管她所做的重要的事情还有许多，然而因为茶水间是大家最喜欢的地方，所以每个在这儿感受到舒适的人，都会想到茉莉的努力，当然，如果有人觉得不舒服，也会立刻挑刺。

每天，茉莉会将固定数量的小饼干打开外包装，放在盘子里，其他的则整盒地放在冰箱里。大家都很自觉，下午茶时间吃上一两块小饼干，既不会把它当饭吃，也不会偷偷带回家。在茉莉的努力下，一个有序的茶水间已经成为公司企业文化的代表。然而有一天，茉莉却发现放在冰箱里面的饼干被人打开吃了半包，她有种被侵犯的沮丧感，便将这件事在例会上讲了出来。

开完会，副总经理很不好意思地对茉莉说，饼干是我吃的，出差回来已经是半夜，直接来公司，肚子饿就打开吃了，忘记对你说。茉莉很懊悔自己的冒失，然而她很快想到了补救的办法。她在茶水间设了一个"欢迎回家"专区，里面的食物是专为出差归来，饿着肚子跑来公司的员工准备的。

Part 03 从优秀到优雅

当"欢迎回家"专区受到来自各方面的肯定与表扬时，茉莉微笑地站在那个"偷吃"了半包饼干的副总经理面前，说："谢谢您，提醒了我。"

如果说去别处度假对于繁忙的OL来说是镜花水月，茶水间就是严肃办公室中的"别处"。工作日的任何时候，五分钟或十分钟的间隙，不妨在其中度个小假，闷骚地、风骚地绽放一次。

据美国某职业网站调查，员工在茶水间中所谈论的敏感话题，80%最终会传到老板耳朵里。它提醒我们，在八卦氛围极其浓厚的茶水间里，绽放或者枯萎，全看你如何选择安全的话题。当然，对于有意散布敏感话题的人来说，茶水间亦是不二之选。一位工作努力却未得到加薪的员工，大可以边喝咖啡边故作神秘地倾诉，有公司提供更优厚的薪水想挖自己过去。这一招隔山震虎的武功绝学往往能够收到预想的效果，除非老板觉得他可有可无。

职场是一个小社会，最重要的纽带是工作，然而，决定人与人关系的却往往是工作之外的旁枝末节。在联想集团的茶水间里，有一只放满饮料的冰箱，大家自由取用，然后按照价签将钱放入储钱罐。每到周末，倘若货款持平甚至有盈利，冰箱门就会贴上笑脸；倘若货款不够，则会被贴上哭脸。谁拿了饮料却没有给钱，谁总是多往里面多放钱，答案其实关系着哪一位同事在工作中更值得信任。

用女人的方式
赢
世界

  有人在茶水间传播八卦，有人在茶水间搜集八卦，有人利用茶水间聊天达到了升职目的，有人却因为出言不慎而祸起茶水间。茶水间永远存在一种看似轻松却极其挑战智商的吊诡的人生哲学，这或许正是它的魅力所在。从小，我们就在无数电影中看到酒会女主人，穿着露背装，拿着装满香槟的高脚杯，周旋于客人之间，不冷落不怠慢任何一个。当我们一脚踏入茶水间，不妨将自己想象成这个高贵优雅的女人，给所有陌生或熟悉的人一个微笑，微笑是这个世界上唯一永不赔本的买卖。

  咖啡年年相似，糕点月月相同，茶水间却永远是一个滋生无限可能的地方，低级别者将它当作热量供应站，中级别者将它当作情绪医院，而修炼成精者，则将它当作人际关系修理厂。

福利比薪水重要

人类是比较型动物，与情感无关，或者有时候，情感上越亲近的人，比较起来越方便。

王小二与陈小幺一起长大，情同手足。三年未见，陈小幺去王小二所在的城市开会，住在远离市区的一处生态别墅度假村。王小二欲打车前往，的士司机说那地方又远又偏没鸟人，要往返车费。王小二大怒：返你个头！见面诉于陈小幺听，小幺拍腿大笑，说："小二啊小二，你妈说你月薪两万，如何要在这一百多块的的士费上较劲儿？"王小二脸红了一下，暗暗责怪自己老妈有"八卦强迫症"。

此番见故人，王小二本是带着几分优越感。王小二大学毕业后跳槽多次，薪水越来越高，陈小幺则抱着一只铁饭碗动都不动，又不是公务员，最多算个事业单位。好友相见，一番目测。王小二发现陈小幺穿了一件名牌衬衫，便打趣他舍得投资。"去年歌咏比赛发的。"陈小幺淡淡地说。

原来，陈小幺除了参加歌咏比赛发名牌衬衫，每月还可以报销1000块的的士票、200块的电话费，出差飞机公务舱，四星级以上宾馆，伙食补贴每天300……"人家才叫品质生活。"王小二暗叹了一句，顿时觉得自己"屌丝"了。

回家路过购物中心，王小二决定给自己买一件名牌衬衫。付

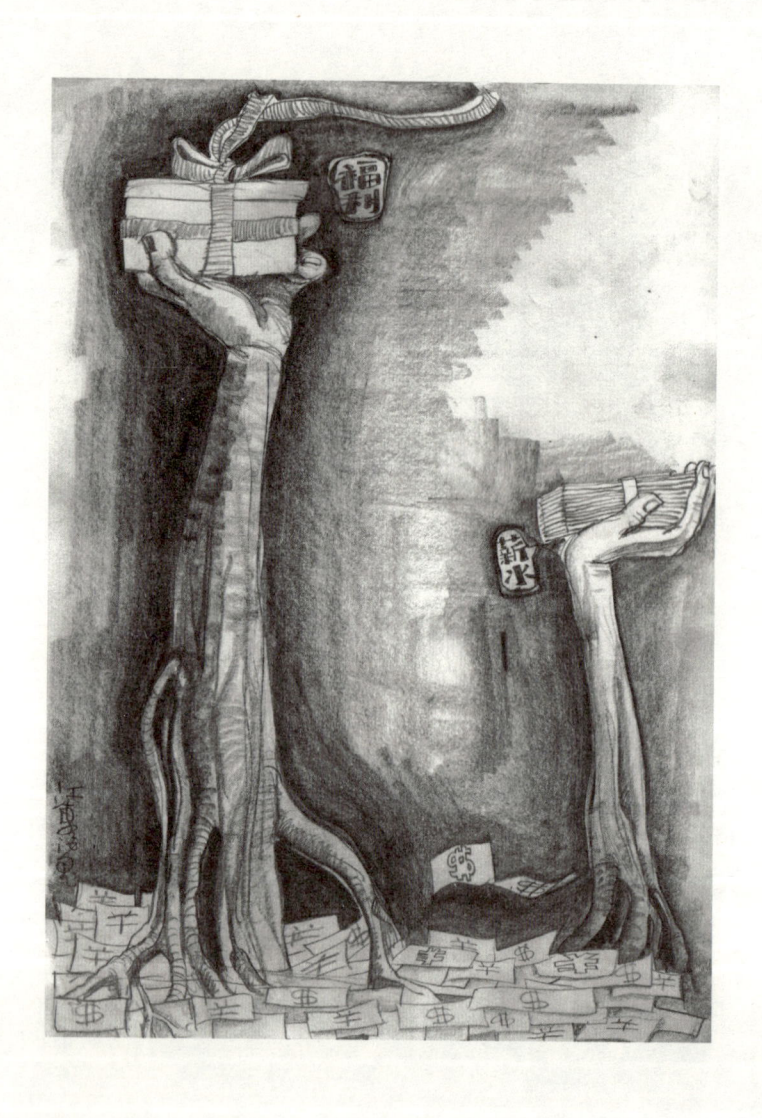

用女人的方式
赢
世界

款的时候,看到银行卡上的四千多块钱瞬间变成一块布料几粒扣子,王小二觉得这是世界上最恐怖的"恐怖片"。

那件衬衣,他一直没舍得穿,觉得什么场合都配不上这"恐怖片"级别。当然,他想过与陈小幺再次见面的时候穿,却还是觉得不妥。人家那是歌咏比赛发的,你是自己跑去买的,衣服一样级别不同。

钱到了自己口袋里,再花出去永远肉疼,福利是大家的,不用也到不了你的口袋,花别人口袋里的钱永远比花自己口袋里的钱快感强烈。从某种意义上说,公司的好福利类似软件的自动升级,无论愿不愿意,都要把你从"屌丝"升级为成功人士。

王小二决定再跳一次槽,目标是号称全球福利最好的某外企,据说人家的工作服都是奢侈品牌高级定制。王小二的减薪跳槽令他妈极为不解。当他将五星级宾馆、飞机公务舱、出国旅行等福利换算成货币,以证明自己的收入其实有所提高时,老太太跺着脚喊:"败家子!"

能够让你在工作的同时享受生活,才是好工作,因为现实很残酷,大家并没有太多的时间与心情在工作之外享受生活。

全美最佳雇主的Google公司的福利可谓无微不至,甚至帮助员工在出差期间安排家人去度假或参加瑜伽训练班,豪华福利传递出的一个重要信息是:只要努力工作,你的日常事务尽管交给公司。

薪水让你觉得自己是一位员工，而福利却让你觉得自己是一个人，越来越多的员工开始因为福利而跳槽，而并非仅仅为了薪水。然而，当薪水与福利之间存在过大的落差，也容易造成"出差时像白领，不出差时是灰领；在飞机上以为自己是贵族，落地才知道自己是贫民"的巨大落差。

你是想要体面的生活还是饱满的钱包？人生随时随地面临选择，而选择的最艰难之处在于，没有一个能够满足你全部梦想的可选择项。如果你已经或准备结婚生子，正面临房贷的压力，许多方面需要用钱，高薪是职业的不二选择；如果你是一个单身的小年轻，一个人吃饱全家不饿，高福利的工作有利于你开阔视野，结交城中名流，跻身半上流社会。年轻时见识最重要，年龄大了，钱才变得重要。

让简历活起来

木子即将应聘一家民营内衣企业,为了不第100次倒在"简历关",决定穿着那个品牌的内衣去拍一张写真照片。经过PS后,这张比章子怡还火辣的照片出现在她的求职简历中。

"妙招吧?"她满怀期待地问。

"小心老板直接把你招成小蜜。"她的朋友说。

朋友认为木子用力过猛,再说了,PS成那样,面试的时候人家会不会质疑她根本是在简历上贴了一张日本女优的照片?

不过,木子有一点是对的。冲洗几十张两寸免冠照,从网上下载一份简历范本,将自己套进去,然后像天女散花一样将它撒得满世界都是的做法,已经十分OUT了。

先做人,再做事,偶尔作作秀。首先,你需要的不是一张而是一套好照片。应聘婴儿用品公司,需要一张甜美照;如果是运动用品公司,则最好是梳着马尾辫的活力照;假如对方是电子公司,你恐怕就需要一张端庄照了。给广告公司的照片可以戴顶贝蕾帽,但无论如何都不可以酷得像李宇春,没有人愿意聘用一个看上去很酷的女生,因为他们不想当她的粉丝,只想当她的上司。

所有照片都应该有微笑,这是女生的秘密武器。如果牙齿不好,你可以尝试效仿莫高窟第259号佛像彩塑,嘴紧闭,眼含笑。

用女人的方式赢世界

PS是让人难以割舍的灵丹妙药,你借助它已经成功勾引了18个男网友,然而,为了不让你未来的HR经理在面试时面子丢光,你最好关掉PS软件。

木子最终去了一家网球运动用品公司。在简历上,她穿着明黄色的运动衫,抱着一只排球,假装酷爱体育事业。她放弃了"恰巧"穿着那个品牌的网球衫在打网球的创意,因为"江湖资深人士"告诉她,如果我是HR经理,会因此认定你是一个喜欢投机取巧的家伙。当然,在那份简历中,她还不厌其烦地陈述自己如何酷爱运动,并且在大学时组织过一个"慢跑会",发动全班同学去健身。"慢跑会"确有其事,虽然只坚持了一个月,发展了两名会员。

无疑,对于运动用品公司来说,这是一份有用的简历。然而,倘若她应聘的是一家护肤品公司,她应该强调的就不是"慢跑会"而是"化妆社",每个人都有无数经历与不同的面貌,当你开始准备一份简历时,一定要明白,我想进入的是一家什么公司,展示哪一面最有效。

应聘不易,递简历前,请先熟读某男装广告:今天,你要秀哪一面?

关于照片

○ 你需要为简历拍摄一组而不是一张照片,因为面对不同的公司,你需要不同的形象。哪家公司用哪张照片,选择永远是头疼的活儿,幸运的是,选择会让我们变得更加冷静智慧。"他们会喜欢什么样的我,我对这家公司到底有多少了解?"这个疑问

会促使你进一步了解所应聘的公司，而不是盲目投递简历。

○ 你必须化妆但不应该化太浓的妆，尤其应该避免鲜红的嘴唇与长得似乎能停小鸟的假睫毛，更不要尝试将自己PS成范冰冰。

○ 你可以不够漂亮，却一定要有一个好发型。它承担的责任是让你显得严谨、认真。

○ 微笑是人类社会的通行证。

关于经验

○ 堆积如山的资历、人脉、经验并非多多益善，如果你所要应聘的职位根本不需要你有那么多的资历，HR经理更会担心你经验太多而活力不足，是个想躺在功劳簿上睡大觉的家伙。

○ 美国企业高管就业顾问温迪 恩尼罗表示："删掉早期工作经历并不违反职业道德。"她经常建议求职者将重点放在最近的工作经历上，因为太过久远的事情会给人造成"怀旧"的感觉。

○ 如果你的所谓"业绩"超过了一页纸，最好作一定取舍。保留那些最能代表你能力的项目，同时注意你提供的信息是否合适于自己所要应聘的行业或职位。

○ 当你应聘市场部主管时，最好别提自己曾经是个受过嘉奖的女秘书，或者你的打字速度超过了公司的打字员。现任美国总统奥巴马从哥伦比亚大学毕业后，立志去黑人社区磨炼自己，他投了很多份简历，却没有一个人相信一个名校毕业的高材生愿意安心从事一份基础社区工作，直到他不再在简历里说明自己究竟有多么优秀，而是告诉别人："我很明白这是自己喜欢的事业。"

关于附加值

○ 一个处心积虑、行为老派的人是很难在简历中说哪怕一句"废话"的。然而,或许正是过于中规中矩的简历谋杀了他得到新工作的可能性。看上去无关紧要的信息,恰恰容易引人注目,因为人人都有好奇心,HR主管也不例外。

"我参加了Toastmasters俱乐部,并且经常被推选为班长,我喜欢集体生活,喜欢用英文演讲。"

"我的博客点击率不错,尽管我只是用它来反思生活中的一些小事。"

"我喜欢贵公司最新出品的那款饮料,我只能说它实在太棒了。无论是否得到这个职位,我都将是它的忠实粉丝。"

"我的钢琴演奏通过了业余七级的考试,它是我最有效的减压方式。当然,我也绝对乐意在公司聚会上为大家演奏《月光曲》。"

每天面对成堆的简历,是会缺氧的。那么,你为什么要吝啬给自己未来的HR主管一点氧气?"嗨,这是个有趣的家伙,我相信他能给公司带来新局面。"没错,看上去无关紧要的一句话往往能制造一份有活力的简历。当然,它必须是一句话,而不是三句话,更不是一篇文章。

底线决定你所拥有

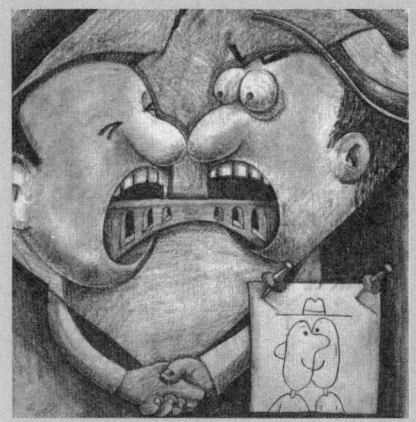

　　你想要什么，最终便会得到什么，即使得到的并不与你最初想要的一模一样，至少不会相差太远，然而，如果你始终不知道自己究竟需要什么，而是老板给什么你就要什么，同事给什么你就拿什么，你一辈子只能做办公室的小虾米。

　　有些梦想一定要坚持，有些事情一定要拒绝，小事情上宽容，大事情上认真，全世界只尊重有底线的人。而我们看到的办公室那大多数人，无不是在小事情上斤斤计较，却根本不知道属于自己的那些原则上的、最重要事情是什么。

　　没有梦想的人，只能活得憋屈而又渺小；没有底线的人，最终得到的只是别人手中漏下的。

用女人的方式
赢
世界

底线是一场勇敢者的游戏,
往往将我们置于死地而后生

底线决定你所拥有

美霜离开原来的公司十年后，还时常梦见被过去的老板追杀。那时候的她，以服从命令听指挥为己任，无论老板多么不正确，无论同事多么没道理，她都照单全收，以为忍一时风平浪静，却不料忍一世永不翻身。当她终于受够了，一怒之下决定辞职的时候，老板却忽然说："你就这么走了好可惜，其实我很看好你。"

看好我为什么欺负我？美霜不解。

老板似乎猜透了她的心思，辩解道："你最大的弱点就是胆子太小。你一定听过一句话，你是什么样的气场就吸引什么样的人，其实还可以说得更深入一点，你是什么样的气场就会激发他人什么样的气场。"老板的这句话，翻译过来就是"你无底线，别人就得寸进尺"。

在这家公司夹着尾巴做了三年多，干了不少活，受了不少气，结果不仅没有收获一点道歉，到头来还是自己的错，当时美霜怎么都想不通。后来，当她一步步地找回自己的尊严，找到属于自己的风格，才明白，人说职场如战场，上了战场不打仗，忍来忍去只能吃子弹。

如今，她做了老板，有了"追杀"他人的资本。回首来时路，她说前上司绝对不是穿Prada的恶魔，甚至在其他人眼里还是穿Chanel的淑媛，自己那段噩梦似的经历实在是因为初入职场，缺乏底线，长得就像砧板上的黄瓜——欠拍。

用女人的方式赢世界

美国才华横溢而又行事不端的大律师韦伯斯特一生信奉的"三不"原则为：绝不偿还任何可能逃过的债务，绝不做任何可以拖到明天的事情，绝不做任何能找到别人替自己做的事情。正是这些让他走向了成功。

这是一个"坏人"当道的世界。如果你不懂得在某些时候变得冷酷无情，那么，不仅成功会离你很远，即使要求不高的舒心与平淡也会被压榨得越来越少，因为你不是黄瓜，不会心甘情愿地被拍成一道配菜。

"可是，人与人之间为什么不可以坦诚相待？"职场失意，情场受伤者往往会含泪吐血地质问。坦诚相待固然不错，但人与人之间更基本的关系是试探底线。这个世界上有许多人属于进攻型选手，不是每个人都值得你坦诚相待，或者说，在试探底线这一工作未完成之前，坦诚相待基本相当于"找拍"。

看看我们周围，不难发现，有些人换了若干家公司，角色永远是受气包，有些人换了若干个男朋友，角色永远是苦情女主角。为什么遇人不淑的总是她们？

许多自认为有底线的人，他们的底线是会随着事情的变化而变化的。一个将"男友出轨"定为分手底线的姑娘，事到临头却在纠结这男人究竟是酒后失身还是主动失身，是他献身还是别人送上门来。一个口口声声无法接受AA制的女子，却在遇到一个自称身家千万却坚持在约会时与她AA制买单的男人时发生了动摇，理由是这个男人条件太好了，他也许只是试探我。一个没办法接受朋友背叛的人，却在那个背叛他的朋友一番花言巧语之下重拾了对他的信任，理由是如今碰上个知根知底的朋友不容易。如果

愿意，我们总可以找出许多理由来降低自己的底线，并且这些理由长得还很面善。可是，你会慢慢变成一个不再清晰地明白自己需要什么的人，你的底线与命运全部掌握在其他人手里，你唯一要祈祷的是碰到一个有点良心的上司、朋友与男友，不会将挑战你的底线当乐趣。

真正的底线，意味着"绝不"，意味着不可更改，意味着没有"也许"与"或者"。让自己的底线一降再降，相当于没有底线。物价飞涨，人心不古，环境污染，爱情价高，如果不秉承"绝不"这一原则，永远有各种理由逼迫我们降低自己的底线。

真正的聪明人不会轻易地暴露底线，他们所表现出来的底线，永远比自己真正的底线高那么一点。"如果你想得到100%，那么你最好提出200%的要求；如果你只提出100%的要求，那你最多能得到80%的满足。"这条商务谈判的铁律适合于任何人生谈判桌。

底线是一场勇敢者的游戏，往往将我们置于死地而后生。涅槃的痛苦与重生的快乐同样深重，因此许多人宁愿放弃底线，苟且于这个残酷的、却永远不忘记用那一点点温情吸引着我们的世界。放弃底线，重新得到的尽管已经不是我们想要的，但比起坚守底线，瞬间失去的苦似乎要轻微那么一点点。然而，那是一种绵长无尽的苦，是一种不断堕落于看不到底的深渊的苦，是一种注定只能在人生中充当配角的钝刀切肉的苦。

底线不会让我们立刻快乐起来，却会让我们活得更有尊严，而在漫长的生命体验中，尊严是最终极的快乐。当你学会坚守底线，旁人才能学会止步于你的底线之前，做甘愿被你驯养的小狐狸或玫瑰花。当你学会坚守底线，青春临到尽头，蓦然回首之时，你的手里才不会握着一把十三不靠的烂牌。

坚守底线，你不一定得到了全部你想得到的，但你所得到的，一定不是你不想得到的。

用女人的方式
赢
世界

不做办公室便利贴

Candy很忙,如果评选"最受欢迎女员工",她一定当选,可惜,迄今为止,公司尚未有此奖项出炉。

她每天面带笑容上班,忙着帮A影印,帮B给客户打电话,帮C完成因请病假而没完成的任务。前台小姐结婚,她成了代理前台,经理秘书休假,她便是代理秘书。她甚至经常因为帮助别人而耽误了自己的工作,最终不得不留下来加班。坐在隔壁的Chip看上去很悠闲,月度总结却能写两页纸,而她忙得像过山车,月度总结却只有半页纸。她坚信群众的眼睛是雪亮的,却不知道自己这样下去,得到的永远是口碑,而不是升职加薪。

主管并非没有动过提拔Candy的念头。曾经,主管出差时,请她代为管理部门工作,明显有锻炼后备军的意思。可惜,每一次主管回来,都发现办公室像散慢的自由市场,大家以各种名义拖延工作,只有Candy像头负重的骆驼,忙得脸上妆都花了。如此几次,主管忍不住跟Candy交流管理经验,Candy觉得自己只是代主管,不好意思真的去管理别人,只希望大家看在平日里她帮他们做了不少事情的面子上不要为难她。主管一声叹息,从此断了提拔她的念头。

COCO香奈儿说,男人总是记住那些曾经给他们带来麻烦的女人。你听老板的话,听同事的话,牺牲私人时间,不停地工

Part 04 从优秀到优雅

作,怕得罪任何人,有想法也不敢表达,大家都说你是一个乖女孩。可是,时光一天天流走,那些曾经跟上司据理力争,与同事争执到脸红,大家背后纷纷说他坏话的人却升职加薪;而你,就是办公室角落里的那台影印机,任劳任怨,却没有人重视。你像一张便利贴,因为可以贴在任何地方,而失去了被重视的价值。

在职场,往往有争议的才是有能力的人。

便利贴女孩五宗罪

○ 在责权明晰的公司里,过于热心助人,扰乱了办公室正常分工,助长了某些人耍奸偷懒。

○ 看上去什么事情都能做,其实做的永远是琐事。

○ 不懂得拒绝,自然也就没有了张弛,工作处于忙乱无序之中,很可能因为他人的事情而疏忽了自己的工作。

○ 过于天真,以为职场讲究以心换心,以好换好。殊不知职场如战场,你不打别人,不一定别人不打你。

○ 自身的人格缺陷使领导很为难。你乖巧可人,不升你的职,显得领导没心没肺;升你的职,又不忍心看到你被下属欺负到一天工作25个小时。

不小心做了便利贴女孩,往往不是因为你的能力有问题,而是有一种希望每个人都喜欢自己的"洋娃娃心理"。事实上,我们出来混,是为了升职加薪,而不是让每个人都喜欢,更何况即使你是乖乖牌,还有许多人喜欢叛逆牌、个性牌呢。要做到让所有人喜欢原本不切实际,而为了这个目的放弃表现自我的机会更是因小失大。要摘掉便利贴帽子,你必须从心理建设开始。

用女人的方式赢世界

○ 树立偶像。可以是赖斯、希拉里,不过最好是章子怡。章同学从出道以来,饱受诟病,甚至被评为国人最不喜欢的女星。"我很清楚自己要什么,我只要向着这个目标去努力,至于别人说什么,我不介意。"记住偶像这句话吧,走自己的路,让别人提鞋去。

○ 克服天真的内疚。完全不必为拒绝那些把你当小工的同事而内疚,你帮他们做的事情已经够多了。"我不需要为满足自己而感到内疚。"坏女孩的世界总是足够大。

○ 在职场中,"出风头"是个中性词,尽管当它出现在同事的毒口中,似乎是百分百的贬义。但如果你总不出风头,别人将会你遗忘。

从不吵架的将军不是好士兵

谢小明收了徒弟小A，是上级指派的。小A以前在分公司做销售，业绩相当不错。可惜，别人的笨瓜徒弟工作很快上手，自己这个天资聪慧的徒弟却像劣质陀螺抽都抽不动。

"你去马总那边，把公司的小台历带几本去，礼轻情谊重。"谢小明交代。可回头一数，小台历一份没少。

"王总是南京人，喜欢吃盐水鸭，你去南京出差，不妨带一只给他，记得要韩复兴老店的。"可小A从南京回来，赤手空拳。

类似事情屡屡发生，谢小明心里堵得慌。他想，既然你不听我的，我也就不用说什么了。于是两人在办公室出出进进，像演默片。三个月后，业绩考评，最优秀的老员工与最优秀的新员工，强强联手竟然结出一枚最小的果实。

主管来谈话。谢小明说，他太骄傲，我指导不了。小A说，他根本就不指导我。

于是主管分别给两人讲了同一个故事。某公司的两个部门，A部门的人开会时争论得面红耳赤，B部门的人开会时地上掉根针都听得到，但凡需要投票，必定全票通过。大家都以为A部门人心涣散，B部门齐心协力，考评的时候才发现，在业绩上，A部门把B部门甩得老远。"无论吵架还是争论，至少说明大家在沟

用女人的方式
赢
世界

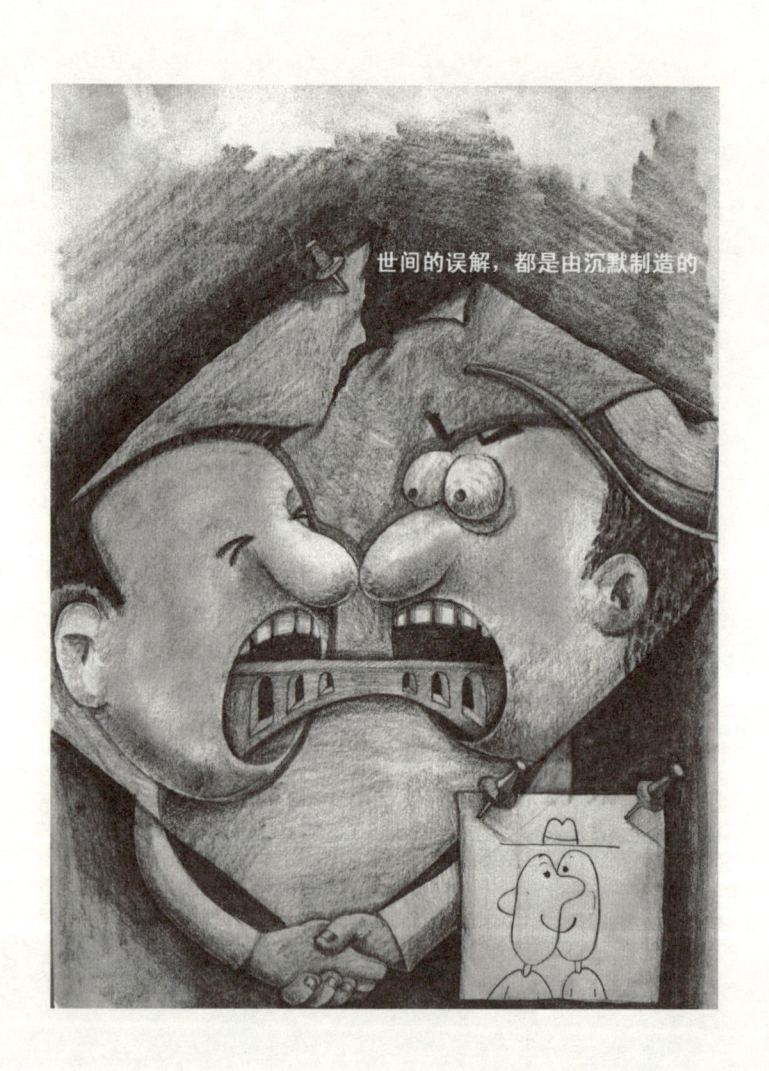

世间的误解，都是由沉默制造的

通，而表面上一团和气，往往是谁都不把工作当回事，有意见都懒得表达。"

谢小明决定与小A沟通。他开门见山地问小A，为什么交代的事情不做，比如马总的小台历，王总的盐水鸭。

"如果你指导一个人，他总是不听，你还有信心继续吗？"末了，他严肃地说。

"不是你想的那样。"小A回答得出乎意料地快，"小台历是我出门时忘了拿，准备下次有机会带去。盐水鸭，我也记得。可惜那次时间太紧，根本没空去'韩复兴'。我想，乱买一只，效果也许适得其反。"

"那你为什么不告诉我？"谢小明说。

"我想着反正还有机会去做，没想到你有那么多想法。可是，如果你有意见，为什么不说呢？"小A一脸诚恳地问。

从此，谢小明有想法就单刀直入，偶尔遇到小A情绪低潮，两人还会大吵一架。出人意料的是，这一对吵吵闹闹的搭档，业绩却没有输给别人。

许多人习惯于在办公室自我压抑，认为"我有意见，但我不说"是职场大智慧。别人穿了一件让你看着很不爽的衣服，你当然可以不说，因为那是人家的自由，但如果他工作的方式让你不爽，他妨碍了你的正常工作，你也不说，那些埋在心底的愤怒与怨恨将会稀释你对工作的热爱。

用女人的方式

赢

世界

  而世间的误解也都是由沉默制造的。因为担心激发矛盾,所以不愿意面对面解决问题,宁愿默默地彼此误解,外表亲如一家,心里恨之入骨,是中国职场厚黑学的一部分。显然,它已经过时了,维持一团和气不是成功,除非你修为高深,事不过心,宽容到永远。

  ○ 中国有句古话,不打不相识,反映的正是沟通问题。冲突也是一种沟通,因为有了冲突,大家才有了彼此了解的欲望,了解之下发现,原来你就是我"众里寻他千百度"的知音啊。

  ○ 不要因为不知道怎么说就干脆不说。只有不断地说,不断地调整,才能知道究竟应该怎么说,对方才容易接受。无言的"沟通"是成本最高的,它带来的不仅是内耗,简直就是拆台。

  ○ 在沟通中,最重要的不是口才,而是诚恳。如果你没有足够的口才却有足够的诚恳,一次说不清楚的事情,可以说两次三次,总有一天会说清楚。

第三名优势

秦主管即将上调，小钟成了大王与二王的拉拢对象。秦主管在位时，大王与二王堪称领导的左膀右臂，私底下如何旁人不知，表面上却好得像亲兄弟一样。如今主管要走，放出风声，要在两王中择其一为接班人，两人自然是上上下下地找关系拉人气。

论资历与业务能力，小钟只能排第三，盖过许多新员工，却无法与两王相提并论。小钟属于淡散的人，工作不求百分百努力，只要做得开心对得起自己。因为前面排着两王，他也就从来没动过什么非分之想，人类的痛苦源于思想，没啥想法，自然过得比大多数人滋润。两王争着抢着请小钟吃饭，送给他免费的演出票，出差回来的小礼物变成了大礼物，小钟着实烦恼了几天。在这种情况下，站队就等于押宝，押对了，老大吃肉你喝汤；押错了，老大落草你成寇。风险与利益共存，选择高风险的人必定对利益有着很强的欲望。小钟对于利益的欲望一向不甚强烈，也就不觉得承受风险是件光荣的事，只是人在江湖身不由己。小钟没态度，但扛不住两王的态度过于鲜明，就像太阳下的一块白板，对面站棵绿树，你免不了染绿，对面站株红花，你又免不了染红，红红绿绿地换来换去，大家都晕了菜，不知你到底是姓红还是姓绿，却没有人愿意相信你还是姓钟。

用女人的方式
赢
世界

入职五年多，小钟从没这么发愁过。有那么一些时刻，他甚至想随便选个队去站站，不管成功还是失败，总好过你根本没站队，却被站了队，更恐怖的是，谁上了台都不把你当自家人，没落草也成了寇。

没站队死得更惨，这是人类热衷于站队的原因之一。

琢磨来琢磨去，小钟决定请年假，呆在老家，他索性以乡村信号不好为由关了手机，将电子邮件的自动回复设置为休假中，每天上去看看，回复一下特别紧要的事。坐在家门口的池塘边发呆，他偶尔会猜想一下究竟谁上了台谁落了草，却总难有答案，因为这两王实力过于接近，手段不相上下，又都有着不达目的不罢休的狠气，战争之惨烈，就算不是黄老邪遇到了欧阳峰，也是令狐冲遇上了慕容复。想到这儿，小钟会有点难为情，人家大战正酣，自己躲着享清闲，是不是太花花公子段誉了一点？然而一阵凉风吹过，他又不那么内疚了，段誉就段誉吧，反正努力去做一件错事，还不如不努力。

假期还剩两天，老秦发邮件命令小钟回去上班，小钟带了一大包土产匆忙登上了回深圳的飞机。土产见者有份，大王办公桌却是空的。原来，一次与老秦激烈争吵后，大王抛下站在他这一队的兄弟们提前退场了，乌云笼罩着大王的团队，已经有人提出辞职。

小钟上班的第二天，老秦宣布新主管是小钟。"这是对团队最有利的决定。"老秦的话中有话，大家却都来不及回味，只顾着盘算如何狂欢一次，舒展一下为站队所累的神经。

131

永远不要逼自己参与办公室的派系斗争,除非你擅长于此且以此为乐。

对于人生来说,尊重直觉就是尊重自我。当你不知道如何选择,不情愿将自己置身于复杂而危险的境地时,独善其身或许会让你失去一些机会,却一定能够帮你规避风险。

没有上司真正喜欢那些将欲望直接写在脸上的人,虽然他往往需要利用它们摆平办公室一潭死水的现状,激励办公室的惰性分子。冲在前面的那个人并且想把别人都踩在脚下的那个人,往往不会真正得到上司的信任,因为过于相似的两个人总是容易互相戒备。

维持自己的第三名现状,不参与前面那两位的第一名宝座之争,有时会有意想不到的收获,此为"鹬蚌相争,渔翁得利"。即使未有渔翁之利,你终也是一个快乐的工作人。

"二"的主人翁精神

做HR的唐小年升职做了公关部经理。

之前,这个职位由总经理助理苋丝花兼任。她仗着与老板关系好,花钱如流水,引得大家议论纷纷。

唐小年升职伊始,便决定做个节能环保型主管。以前客户不论是人是鬼,一律安排五星级宾馆,如今,唐小年对于那些拿根胡萝卜吊你三年的所谓潜在客户,统统安排住四星级;逢年过节给客户的小礼品也制作不同档次,按贡献分级别;更取消了摊子大、面子广却收效甚微的展示与推广。经由她大手笔的改革,公司品牌推广的效果并没有差很多,经费却大大结余。

新政策引起了公关部员工的不满。大家在苋丝花手下大手大脚惯了,对于节约闹革命甚不习惯。苋丝花的名言是:钱是老板的,就算不花也打不到你的工资卡上;唐小年的名言是:公司是大家的,节约的好处最终还是会体现在每一位员工身上。显然,前面这句话很韩寒,后面那句则相当许知远,同样的"公知",大多数人能够理解与接受的永远是前者,因为够表面够激情够贴心。

不过,唐小年并不在意这些。她觉得自己就是大观园里的凤姐,大宅门儿里的管家,以主人翁精神投入到事业中,该花钱的地方花钱,不该花钱的地方一分也不花,望着日益减少的报销

> 用女人的方式
> # 赢
> 世界

单据与外界对于几场大型公关活动的赞誉，唐小年不是一般的得意。

年底，业务部一直跟踪的一个大单丢了，这事儿本来跟公关部不搭边，却不知道是谁跑去老板那边打小报告，说就是因为公关部太抠门儿，使公司形象受损，所以才丢了单。老板把唐小年叫去训话。

"我只是取消了一些没有意义的项目，比如客户带家属旅游……"不等唐小年把话说完，老板就不耐烦地挥挥手，说："今天没意义，说不定明天有意义。公关部又不是后勤，不要整天想着开源节流。你的任务是让更多人了解我们。"

痛定思痛，公关部的新年计划被唐小年安排得像一部丰富的舞台剧。龙颜大悦。可是，要预算的时候，总经理却一挥笔就砍掉三分之一，理由是，公关部去年省钱有方，既然有方，自然是越来越有方，去年能省今年不能省是何道理？唐小年哑巴吃黄连，又不好亲口承认自己去年工作没做好，只能对上软磨硬泡，一点点往多里申请，对下紧缩银根，一点点往外抠钱。主人翁的自豪感荡然无存，连管家婆的乐趣都没了，所剩的，只有大观园凤姐最后的落寞，却又有所不同，人家那是"白茫茫大地真干净"，很无奈，她这是别处姹紫嫣红独她这儿冷风残月，很欠抽。

人在职场，规则是老大，态度是老二，理想是老三。一上来就用力过猛，打败的往往不是别人，而是自己。

Part 04
从优秀到优雅

一位出租车司机对他的乘客说:"如果我能当上总理,三天就让房价降下来。"乘客点点头,说:"房价降下来的同时,可能引发一场内乱。"司机气呼呼地把车刹住,乘客的鼻子差点撞到挡风玻璃——"让房价降下来,难道不是所有老百姓的心愿?"司机咆哮道。

那些千方百计把公司的事情当自己家的事情,认为自己一定能够做得与众不同的人,最终都会被团队抛弃,因为他们过于偏执于"自己的心愿就是大家的心愿"这件事,而忽略了个体的差异性。管理学最基本原则是尊重规则,而规则并非起源于个体感受,甚至不是为了产生最大效率,而是以避免出现最坏结果为原则。

用女人的方式

赢
世界

收起你的受气包气场

自从新老板驾到,尤敏就成了受气包。第一次开例会,每个人都用PPT进行述职,中途,尤敏出现了一次小小失误。事后老板提醒大家凡事都要做好充分准备,以避免不必要的失误。老板的眼睛直往尤敏身上溜,同事们也都偷偷看她的反应。尤敏感觉如芒在背,甚至觉得自己在A公司的好时光一去不返了。

之后,不断发生的一些小事,让她感到所有人都在对自己颐指气使。一次,尤敏加班,清洁工阿姨打扫卫生,拖把不小心碰到了她的脚,尤敏顿时火冒三丈,狠狠数落了一番清洁工阿姨。阿姨很不高兴地出去了,尤敏依然气难平,认为阿姨是知道自己失势,故意那样做。

"人倒霉时,喝水都塞牙"。尤敏常常这样想。结果,心理越不平衡,行为上却越谨慎,渐渐竟变得做任何事情都缩手缩脚,老板自然越来越不满意,同事对她也有想法。她似乎成了名副其实的"受气包"小姐。

为了赢得大家的同情,她开始习惯性跟每个人抱怨自己受到的不公正待遇,搞得连刚来的小姑娘都知道她是业务部的"资深受气包"。听她抱怨的人,总要感叹几句职场的黑暗,表达一下对得势的那些人的鄙视,尤敏便觉得舒坦了,拉到了同盟军,好像这些人能帮自己打天下似的,可转头来,越是同情她的人越欺

Part 04 从优秀到优雅

负她,觉得反正你也是受气包,多我这一个不多,少我这一个不少。

更糟糕的是,以抱怨为基础的同盟军,人员极不稳定。一旦人家选择积极向上,便会主动远离尤敏,而那些死心塌地跟她交好的,都是比她更"倒霉"的,彼此互相影响,心态越来越坏。

时常有人抱怨自己是"受气包"。无论在家里还是职场,在老公面前还是婆婆甚至孩子面前,受气的总是她。与其说"受气包"是事实,不如说起因于一种感觉:缺乏自信,不能正确对待挫折,习惯用自己不如意的时刻去比较他人春风得意的时刻,于是总觉得委屈、遇人不淑、受了排挤、甚至命不好。不良心理暗示的结果是,每做一件事都担心被不公正地对待,于是缩手缩脚,逼得人家火冒三丈,她可就真成了受气包。

没错,受气包小姐正是这样炼成的。

○ 人在江湖混,哪能不挨刀,不妨大度一些。既然人人都有受气时,何必轻易将自己定位为"受气包"?你想自己是什么自己就会成为什么,这是心理暗示的力量。

○ 每个人都有优点与缺点,所谓进步,是扬长避短,而不是追求完美。对自己有清醒的认识,不要全盘否定,更不要总是强求自己所不具备的性格。

○ 努力远离过于强势的人,如果避无可避,也不必将两人的相处视为谁压倒谁。个性不同而已,你云淡风清一点,想压倒你的人反倒没了兴致,相反,你反抗却又不得要领,正巧激发了那些人的斗志与快感。

用女人的方式赢世界

○ 不要跟强势而又思维简单的朋友抱怨自己的境遇,甚至让她们帮忙出主意。她们往往会义愤填膺地鼓励你揭竿而起,呈一时之快,最终造成无法收拾的被动局面。同一件事,每个人处理方式不同,适合你的才是最好的。

○ 如果确实经常在工作中受到不公正待遇,与其跟同事抱怨,不如直接同上司对话。对话之前,你必须对自己近期业绩及所做工作有一个全面的总结,做到让老板心服口服,切忌哭哭闹闹地抱怨自己受了委屈,却拿不出努力工作的证据。

Part 04 从优秀到优雅

"劳模"处境尴尬

　　琳达跳槽去一家新公司做行政主管。原本并没有在这个职位上做过的琳达感念于老板的知遇之恩，决定新官上任，好好地烧三把火。她每天埋头苦干朝八晚九，连加班都不要加班费。适逢南京分公司搞装修，每逢周六周日，琳达还自己从上海驾车去工地，偶尔带上懂装修的朋友，力求用最少的钱做最完美的工程。包工头都快被琳达折磨得疯掉了，说你们公司总部装修的时候，我都没累成这样。琳达心里暗暗得意：小样儿，现在知道天外有天了吧。

　　老板对于琳达头三个月的工作表现十分满意，在很多场合都表示这个新主管没选错。年底，公司测评、年度总结会、客户答谢会等一堆事情等着琳达，甚至连业务部的拓展训练老板都指派琳达协助。在他看来，有琳达的地方就有满意。琳达却不堪重负，心里也有了小情绪，觉得自己拿一个人的工资做两个人的事，于是对很多事情就没有当初那么认真了。这自然瞒不过老板的火眼金睛，他笑眯眯地把琳达叫进办公室，说："怎么回事啊，镇江分公司的装修质量明显不如南京，是不是你监督得少了？"

　　"质量其实还不错的，比咱们总部这边都好呢。"琳达不服气。

　　"不要跟总部比嘛，要跟南京的比，南京可是你自己树立的标杆。"

用女人的方式
赢
世界

琳达后悔一下子树立的标杆太多,现在要一个个超越比登天还难。

诸葛亮事必躬亲,弄得大家都指望他一个人,结果他累死了,蜀也亡了。孙悟空处处显神通,二师兄自然要背后使刀:就你一人逞能了,我们喝西北风么?当企业越来越讲究职权与分工,每个员工之间都有一个微妙的平衡,做多或者做少都会打破这种平衡。做得少的人是懒死的,做得多的人是冤死的。

○ 虚荣心是人类进步的基石,然而虚荣心过强,就很容易做一些超出自己能力或权限范围的事情,以证明我比别人强,所谓好胜心的背后其实藏着一颗巨大的虚荣心。

○ 演艺圈"劳模"刘德华说,我不停工作是因为缺乏安全感。但凡缺乏安全感的人,总是习惯于不停地做事,他们相信只要自己做得多,就会被认可,却不明白,有时候,你做得太多,也会令人讨厌。因为大家来到这个世界,不是为了只看你一个人表演的。

○ 那些为了帮助别人宁愿耽误自己工作的人,往往是因为对于人际关系不自信,总是担心别人对自己印象不好,希望通过小恩小惠赢得公众的好感。其实,对于一个成功的职业人来说,公众的好感并不是第一重要,重要的是,你能不能拿出有说服力的业绩。

○ 闪耀得太快,往往熄灭得也快。然而还是有许多人期待一鸣惊人,等不及自己成长,这样的结果往往是惊人之后便开始走下坡路。因为基础没打实,只是凭着一时的勇敢,做了绝大多数人不敢做的事。

用女人的方式
赢 世界

有一种歧视看上去十分光鲜

长沙已经连续25天高温突破37度,每天都是橙色高温预警,可这预警,除了让人深刻感受到地球或许在不久的将来不宜人类居住之外,没有任何意义。大家在办公室讨论有些公务员因为高温每天才上班6个小时,主管老王不知什么时候站在了大家身后。"羡慕吗?考去!"老王以一贯的言简意赅表达了自己的观点,大家像被人拿着鞋底抽过嘴巴一样,齐齐闭嘴。

虽然大家习惯称主管王林为老王,其实他一点儿也不老,前年结婚,去年生孩子。结婚前,王林是个普通会计,说话惜字如金,在结婚的时候,因为主动放弃休婚假,引起了领导注意。后来,他老婆怀孕生孩子,王林竟然一天假都没请,还经常在办公室加班。不提拔这样的员工提拔谁呢?于是在儿子满月的时候,王林顺利升职为财务主管。

办公室有两位妈妈级员工,王丽与董青,时不时会因为孩子生病、开家长会、幼儿园活动等意外情况请假,王林扣钱从不手软。王丽说:"你家孩子从来不生病吗?如果你太太在单位受到这样的待遇,你心里是什么滋味?""我家孩子有三个全职保姆,我太太,以及她父母,绝不会出现你所担忧的问题,请放心。"王林不以为然地说。

王丽哭着回到座位。苏浅猜想,她回家后,一定会与自己的先生大吵一架。

更要命的是，就在王丽因为孩子病了早退半个小时被扣钱的同一天，一位男同事参加同学聚会一天没来上班，却拿了全勤奖金。"他们同学里有一位在铁道部当处长，很可能给咱们公司拉来大业务，他是公私兼顾，公大于私。"王林的解释当然无法令人信服，他们这儿是财务部又不是业务部。

王林待苏浅倒不差。部门有接待任务，总是带着她，吃了喝了，还塞听饮料给她带回家。

夏天最热的时候，苏浅穿文胸长痱子，只好戴胸贴。反正一个人，下班也不急着走，在办公室打打小游戏，因为太阳在下班铃响过半个小时后才会慢吞吞地落入高楼的丛林。

那天下班，苏浅照例慢悠悠地收拾桌上的东西，忽然感到有只手搭在她的椅背上。王林笑嘻嘻地站在她身边，寒暄了一会儿，便说九月在杭州有个行业会，问苏浅有没有去过杭州。苏浅说，初中时与父母一起去过。"啊，那应该再去一次，杭州变化很大。"王林的手从椅背上拿起，在空中抓了一下，似乎要描画杭州日新月异的变化，却并没有原点降落，而是落在了苏浅的后背上。他硕大的巴掌像电熨斗一样在苏浅的后背逡巡，苏浅涨红了脸，站起身，王林意味深长地望了一下她的胸口，拿着公文包走出办公室。

苏浅不能确定这是否可称为性骚扰，王林并没有说挑逗的话更没有袭胸，他只是考查了她的后背，然而，他临走时射向苏浅胸口的目光，却像一双猥琐的手，掀开了苏浅薄薄的衣衫——哦，没穿文胸。他甚至不屑于说任何调情的话，而是庄严地宣布，因为你是女人，我是男人，你是下属，我是上司，我就有权

用女人的方式赢世界

利探究你的罩杯你的内衣你的身体。

苏浅与王林一起去了杭州,同行的有一位男同事。王林向与会同仁们介绍苏浅时说,这是我们公司的性感美女。大家便望着苏浅笑,之后的五天,白天开会,晚上娱乐,因为不太能记住她的名字,大家便都称苏浅为性感美女。

吃饭的时候,大家要求"性感美女"坐在官最大的资深人士旁边;娱乐的时候,男士有意邀请女士陪唱或陪舞,大家便异口同声地推荐"性感美女";旅游的时候,"性感美女"更是出现在每位男士的照片中,肩膀被他们搂着、搭着。最后一天,王林提议一起敬"性感美女"一杯,为她带给大家的快乐,于是,苏浅又被作为福利,与每位男士喝了一杯交杯酒。

没有人把这交杯酒当真,人们只是为了寻开心,谁不开心就是人民的敌人,苏浅却开心不起来。回程的飞机上,当王林将半个身子重重地压在苏浅的胸脯上时,苏浅使出浑身气力推开了他。王林惊讶地看了她一眼,转头与那个男同事聊天,直到大家各回各家,再没有与苏浅说话。

晚上,苏浅接到王林的电话,命她明天一早将此次会议的总结报告交到他手上,这意味着苏浅在出差回来的第一个晚上就要加夜班。

苏浅明白,这是对自己推开他的惩罚。

第二天,王林在外面开会,没来办公室。第三天,苏浅将报告拿去王林办公室,王林示意她将东西放在桌上,待苏浅转身要走时,忽然说,我外套在走廊墙上蹭了点灰,你帮我拿走廊上拍拍。苏浅去衣帽钩上取下王林的外套,在众目睽睽之下,像太太

144

Part 04 从优秀到优雅

为即将上班或外出归来的丈夫清理衣服一样,将王林的外套里里外外拍打了一遍。

王林似笑非笑地看着苏浅,等她把外套挂回衣帽钩,清了清嗓子说:"报告我看了,没啥新意,要加点内容。"苏浅大步走出门去,将王林轻浮地弯向她,示意她走过去的无名指,无情地抛在身后。

2013年,在美国,发生了一件中国人似乎很难理解的事情,美国总统奥巴马因为说加利福尼亚州女性检察长卡马拉·哈里斯是全美最漂亮的检察长而涉嫌性别歧视,受到举国上下一致抗议,最后不得不亲自向哈里斯道歉,承认自己言语不当。

在中国,领导对女下属容貌的夸赞常常十分放肆,甚至觉得这是对女员工的一种激励,却没有意识到,这样的"激励"代表了一种深刻的歧视:无论她在工作上做出多大的成绩,她被认可、被记住的依然是她生为女人天生具备的容貌,相当于将这位女下属永恒地钉在了花瓶与配角的位置上。

我们走进办公室是为了工作,而并非参加选美比赛。当上司第一次对你说你是美女时,你有权对他说,我希望以工作证明自己。如果你显得相当乐意与满足,甚至一脸的娇羞,便会坐实了"美女"这个称呼,这个称呼当然可以暂时满足你的虚荣心,却对长期的职业发展没有任何好处,除非你坚定了为工作"献身"的打算。

像公主一样珍惜自己的声名,然后像男人一样去工作。你的上司不是首长,而你也不是文艺兵,"与其夸我的外貌,不如夸我的工作,难道我的工作没有可夸之处?"态度温柔却语气坚定,时代不同,别以为女性依然眼界浅心眼小,给点小甜蜜就心满意足,我们心里住着女汉子,明白自己要什么。

145

做重要的事，为重要的人做事

上司老王表面上挺器重易小白，虽然她业绩平平，却十分听话，尤其可贵的是写得一手好文章。老王的发言稿、部门的年终总结等等，只要是需要书面呈请的事情，交给易小白绝对不会出错。莫春来曾经半是玩笑半是讽刺地说，易小白应该去行政部或者干脆做总经理秘书。当时，易小白正因为被扣了全勤奖而万分不爽，听到这话，泪珠子就在眼圈打转了。下班晚走了几分钟，正巧在电梯里碰到老王，老王笑眯眯地，像尊弥勒佛。

老王见易小白印堂发黑，问她是不是工作太辛苦。易小白便忍不住抱怨了一番，并且转述了莫春来讽刺自己的话。老王敛了笑容，叹一口气，很体贴地拍拍易小白的肩膀，说："年轻人，还是要积极向上，不要受某些老员工的影响，他们都是老油条了，能有什么前途？"老王的话对易小白很管用。因为对于像易小白这样从小受正统教育，服从安排听指挥的女孩，一直觉得莫春来是早晚要被踢出局的。

易小白的确想过去行政部，也许那里更适合自己，老王却死活不放。对于易小白来说，呆在行政部与呆在业务部没太大区别。尽管业务部的平均收入比行政部高，但那是因为有莫春来站在高冈上。然而，对于老王来说，有易小白和没有易小白是两重天。通常，只有不安、有野心的人才会选择跑业务，因此，要在业务部找一个妙笔生花又任劳任怨的人，比登天还难。更重要的是，写文章不算在业务部人员的工作考核范围内，在易小白身上，老王相当于

Part 04 从优秀到优雅

付了一份的薪水，用了两个人。

当然，老王绝不是周扒皮。在力所能及的范围内，他会尽量补偿易小白。比如每个月请她吃顿饭或偶尔给她一个公费旅游的机会。然而，这并没有使易小白显得重要起来，反倒让她显得像一个在富婆手下吃软饭的"小白脸"。

人类的基因里，除了吃喝玩乐，其实是没有"斗志"这东西的。所谓斗志，是在面对饥饿、危险时被迫发出的吼声。所以，"小白脸"们通常很容易安于现状。

总经理张一江被评上省劳模，每位职员得了500元的红包。张一江在电视里作了一次十分精彩的演讲，事后，公司将他的演讲稿印发给每个部门学习。

易小白逐字逐句地看那讲稿，越看越喜欢，忍不住在心里膜拜了一番。当杜娟偷偷告诉她，张总的演讲稿是莫春来写的，易小白一时半刻竟然没反应过来。

"莫春来以前是晚报的记者，跑经济口的，认识了很多企业老总。可能觉得写字发不了财，才转投咱们公司做业务的。"杜娟说。

"可是，从没见他给老王写过什么呀！"

"好钢要用到刃上。这还不明白？"

易小白忽然异常沮丧，为一个自己那么讨厌的人，却混得那么坚挺、蓬勃、摇曳生姿、个性十足。

下次，老王再找易小白写发言稿，易小白忍不住脱口而出："莫老师比我写得好，要不让他写吧。"老王的脸立刻由月饼变成了舌头饼。易小白孤零零地站在老王的办公室，进也不是，退也不是。老王看她那样尴尬，倒笑了。"你要能把业务做得像莫老师那样，也可以不写。"

147

用女人的方式赢世界

晚上，办公室里没有人，易小白将键盘敲得叭叭响。桌上的电话忽然响了，吓了易小白一大跳。

"小易，我手机可能落在桌上了，帮我看一下。看到就收起来，我等下过来拿。"莫春来的声音从遥远的嘈杂处传来。

莫春来的手机静静躺在他的办公桌上，易小白拿起它的时候，手指不小心碰到了解锁键，屏幕亮起来。莫春来的屏保竟然是这样一行字：做重要的事，为重要的人做事。

一个小时后，莫春来回来拿起手机，道了谢。他走出去几步，又折了回来一只手很随意地搭在易小白的电脑显示器上。

"又在给老王做嫁衣？你这样下去出不了头！"莫春来以一贯的直接方式说。

"我就想平平淡淡过一生，怎么了？"易小白反驳。

"恕我直言，以你现在的业务水平，如果不是老王指着你帮他写文章，你早就被末位淘汰了。"

易小白张嘴想说什么，莫春来用一个果断的手势阻止了他。"那些说自己不想红的演员都是懒得努力的，你相信真有不想红的演员吗？"

办公室为什么那么势利？因为办公室本来就是势利的，你不是为了玩乐或享乐来这里，也不是为了社交或者打发寂寞，你是为谋生而来这里。

○ 用业绩说话，别的事情不一定不重要，但一定不是最重要的。

○ 不必展露与工作无关的个人才华，除非工作需要你这样做。

○ 学会拒绝那些不重要的事与不重要的人，多说"不"与"对不起"。

○ 不必担心别人说你冷淡，你只需要有礼貌就够了。

Part 04 从优秀到优雅

辞职不是好玩的

辞职报告交上去三天了。周末，莎莎接到上司柏生的短信，约她吃饭。一见面，柏生便打起悲情牌。"这三天我瘦了四斤，睡不好。如果你走了，部门的业务可能要损失一半，估计到明年，我这主管都当不成了。"莎莎偷眼看柏生，的确不似平日里那样脸蛋白里透红，头发闪闪发光。

柏生点了龙虾，自己不动筷子，却拼命劝莎莎多吃。他跟莎莎谈职场的艰难，谈太太不久才生了孩子。最后，柏生看定莎莎的眼睛，一字一句地说："我知道公司庙小，你呆在这儿屈才。可是，你能不能再帮我一下，我给你加薪？"莎莎心一软，糊里糊涂点了头。

为报柏生滴水之恩，加班晚归时，莎莎心底涌动着"士为知己者死"的豪情。

然而不久，莎莎发现自己的客户资源正在悄悄流失，许多合作多年的客户都转投同事门下，随着业绩下降，柏生对她的态度也逐渐降温，甚至部门开会都让她呆在办公室守电话，同事也开始与她疏远，日子莫名其妙地变得难过。终于，人力资源部一位要好的同事悄悄过话儿给莎莎，原来是柏生到处说她跟其他公司频繁接触，诚信有问题，还暗地里说服财务部门更快地给那些离开莎莎的客户付款。"他还说，你以辞职威胁他给你加薪。"最后这句话,像一只整鸡蛋,还是个臭的,差点没噎死莎莎。

莎莎终于走了,却不是意气风发地拖着"外交官"的拉杆箱,像某人气下滑的名嘴那样两手一摊,说某某卫视给了我一个无法拒绝的价格。而是背着破行囊,在黄昏里落寞地走出了办公室,所到之处,人们指指点点地说,看啦,偷鸡不成反蚀一把米的人。

宁用忠心耿耿的猪,不用想辞职的神,这是老板界的金科玉律。原因很简单,对于公司来说,没有什么人是不可或缺的。即使上司出于真心,挽留了一位有才华却想要炒自己鱿鱼的下属,在时间的沙河之下,理智光芒万丈也终究敌不过人性的嘀嘀咕咕。

职场比情场残酷太多。男朋友的心是用来伤的,越伤越可证情比金坚,老板的心是玻璃做的,一旦伤了全是尖利的玻璃渣。你可以经常拿分手威胁男朋友,却千万不要随便与老板谈辞职,一旦谈了,无论源于冲动还是幼稚,硬着头皮向前走是最好的选择。

一个有二心的人,却是你生命中很重要的人,这绝对是人心的炮烙之刑。任何有志向的老板,必定要想办法把他变成不重要的人,变成可以一脚踢开的人,这是身为"老板"这一品种的动物必然的选择。

东郭先生与狼的故事,无知的不是狼而是东郭先生。无视规律,一味伪善,让狼情何以堪?死不可怕,可怕的是纠结地活着——吃你吧,留千古骂名,不吃你吧,对不起自己的声名。

管理课上没讲过的事

　　生活永远比小说精彩，有些事情，即使最完整的教材，最偏门的老师，也不会教给你。

　　"悟"就一个字，够我们用一生。

　　水满则溢，半杯就好。人在职场，与人与事，保持一点点疏离，虽然你不会第一个得到好处，但第一个倒霉的也不会是你。

　　爬缓坡，慢出头，既是职场的智慧，也是人生的修行。

用女人的方式

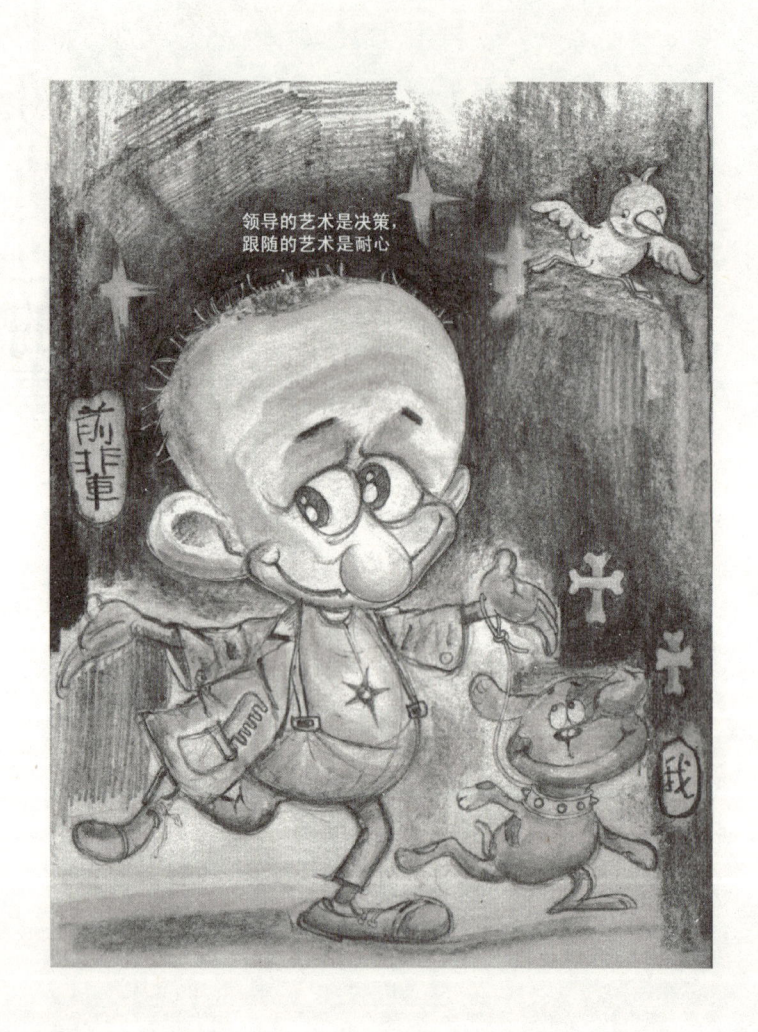

赢
世界

领导的艺术是决策，
跟随的艺术是耐心。

Part 05 从优秀到优雅

跟随是一门艺术

王紫荆新近强势加盟某时尚杂志，收到的第一单重任是带队去苏州拍杂志封面。这活儿对于曾经供职于香港大牌杂志的王紫荆来说，可谓驾轻就熟。

去苏州的前一天，王紫荆与朋友吃饭，朋友的朋友是苏州某五星级酒店的副总，是位超龄追星族，对时尚杂志与封面女郎有着深厚的感情。一听说王紫荆要去苏州拍封面，封面女郎是某明星，他便挥动着短胖的小手，说："吃住我包了。"这样的好事儿，不干白不干，王紫荆想都没想就答应了。

一行人浩浩荡荡杀往苏州，两天后圆满完成任务。王紫荆的钱包里还剩了一万一千块钱。

得知王紫荆用九千块钱拍了一期杂志封面，宋茉莉幽怨地说："紫荆，你这以后让我们怎么去拍封面？"刘蔷薇则暴怒道："这都还有没有规矩了，咱们是大公司，谁想省钱就省吗？"

刘蔷薇大吼的时候，王紫荆已经在财务部办退款手续。出纳陈继木将王紫荆递过来的那沓钱塞进自动数钞机，在沙沙沙的数钞声中，嗡嗡道："退这么多钱？下次少借点款，财务部又不是整天闲着给你们数钞票的！"

王紫荆心里窝着一团火。自己帮公司省了钱，不仅没有人来祝贺、表扬，还惹得大家像被剜了肉一样地不快活。

晚上，编辑部饭局，一道美味的竹捆肉略微安抚了王紫荆受伤的心。

153

用女人的方式赢世界

"哎哟,紫荆,你连捆肉的绳一起吃了吗?"王紫荆正半闭着眼睛享受舌尖上的慰藉,宋茉莉忽然像看到鬼一样叫起来。"能消化吗?会不会肚子痛?"刘蔷薇露出夸张的惊恐表情。

王紫荆仿佛大梦初醒,定睛一看,在座每一位的盘子里都整齐优雅地摆放着两条深米色的粗绳,只有自己的盘子里干干净净。

有人笑,有人忍着笑,有人惊恐得像死了人,主编米兰出来打圆场,说:"紫荆在香港呆久了,没吃过这么土的菜,我第一次吃海鲜的时候,还把洗手的柠檬水当作料呢。"气氛瞬时软了下来。米兰接着说:"从那以后,只要去陌生的地方参加饭局,我都最后一个动手。经验不一定总有用,先看看别人怎么吃,才不会出错。"

王紫荆当然不是第一次吃竹捆肉。事实上,这是在过去公司每逢饭局她必点的一道菜。那捆肉的绳是用笋衣搓制,入味又有嚼劲,大家都很爱吃。王紫荆本有冲动给嘲笑她的新同事科普一下舌尖上的美食,米兰最后的一句话,让她生生地将自己的话咽了回去。

无论你是资深还是老练,在陌生的办公室,陌生的人群中,最安全的方法是先看看别人怎么做。年轻的时候,我们往往输在不自信,有一定阅历后,又常常在太自信上摔跟头。

每间办公室都是相似的,每间办公室都是不同的,相似的是规则,不同的是细节;相似的是管理条例,不同的是企业文化。职场没有所谓的资深人士,无论什么时候,去一家新公司,你都应该谦虚谨慎,不要因为觉得自己带来的是新气象、新风尚,是先进的东西,就贸然实施,甚至试图对整个集体施加影响。

领导的艺术是决策,跟随的艺术是耐心,尤其要耐住急欲表现自己的那颗浮躁之心。

马屁精是高危职业

每家公司都有这样一位人精：对同事一般，对朋友一般，甚至对女朋友对太太都一般，但他们对领导很好。领导家有事他跑腿，领导吃饭他点菜。对于这样的一位先生，大家是没办法说他好或者不好的，你说他好，你又不是领导，人家的好并不是给你的；你说他不好，可你明明心里很羡慕他呀。

因为是人精，大家习惯了看他在办公室雷区中玩凌波微步，在复杂变幻的局势中长袖善舞，在大家都不知道吃什么的高层饭局上胸有菜单，他似乎永远不会出错，所以跌起胶来格外精彩。

老五就是这样一个人。他学历不算高，业务不算强，说好听是情商高，说难听是马屁精，老板却当真是喜欢他，喜欢到了任何重要的应酬都要带上他。据说一场应酬只要有他，老板不仅不用动脑筋，如果愿意的话，连嘴都可以不动，好听的话都被老五说了，难以下咽的酒也被他喝了，老板只需要哼哼哈哈，饭前洗手饭后漱口。

那一天，请的是官饭。对于此官爷，老五事先做了功课，他喜清淡好淮扬菜尤其爱吃鱼。老五胸有成竹地去了，意外地发现官爷携了家属。老五目测，此家属脸似圆盘目若流星，一看就是当家的主儿。点菜之前，老五特意询问家属的喜好，官爷夫人灿烂一笑，说自己胃口很好，没有特别的挑剔。老五暗忖，不是一样人，不进一家门，官爷属猫，夫人也不会属虎，况且如今上点年纪的女士，谁不注意自己的身材？

用女人的方式赢世界

　　清蒸、红烧、干煸、糖醋、煮汤……菜一个个上，第一道是鱼，官爷哈哈一笑，说好。下一道还是鱼，官爷又哈哈一笑，说看来知道我爱吃鱼。再一道还是鱼，官爷的脸部肌肉便有些紧张了，悄悄夹了一块给夫人，夫人却没动。待服务员通告菜已上齐时，桌上已经摆了八盘鱼。

　　"你们搞全鱼宴啊，我最讨厌吃鱼。"夫人明显不高兴。

　　老五心知这次演砸了，硬撑着笑脸，故作轻松地说："鱼肉脂肪含量少，而且富含胶原蛋白，既减肥又美容。"夫人也笑，那笑却是被冷风吹出来的，"你看我身材不好吗？"一个水桶腰的女士要对自己的身材有自信，还真是件没办法的事，老五溜下了桌，悄悄找服务员又加了五道肉菜。

　　这顿饭，老板有心思，老五放不开，官太不高兴，官爷自然也不太尽兴。饭局毕，有人悄悄告诉老板，听到官太对官爷说，什么烂公司，员工素质真差，马屁精。

　　原来老五是个马屁精，老板似乎以前从来不知道似的，从此开始疏远他。

　　老五很难过，却知道难过当不了饭吃。于是自嘲，说这辈子最搞不定的是女人，果真栽在了女人手里。有好事者笑，说他久闻臭便不知臭，终究是不知收敛，用力太猛。即使没有官太，你一桌菜点八个鱼，就合适么？你眼里可以只有领导，人家领导却总还是要摆点姿态，接点地气的。

　　管理课老师一定不会告诉你，无论你怎样努力地想与上司搞

Part 05 从优秀到优雅

好关系，总可能有一件小事会毁掉你的努力。

　　管理课老师也不会告诉你，如果你有幸荣升为老板的心腹，意味着你所面临的职场风险比旁人大。"伴君如伴虎"是言过其实，老板对心腹要求极高，心理极复杂，既信任又防备，既亲切又疏离。通常，老板的心腹会经常变换，而从心腹降格为普通员工的那些人，因为知道了太多内幕，通常只能卷铺盖走人。

　　与老板保持恰当的距离，你的职场生活将少有意外，如果你正在享受心腹的待遇，就活在当下吧，对于即将到来的或者早晚会到来的"意外"，不仅要有点准备，更要有点度量。

用女人的方式
赢
世界

一个人有了成绩,
谁愿意去提及他所做过的那些《简单的事情》

158

要复杂，先简单

从小到大，张小伍都在跟别人解释一个问题：我爸姓张，我妈姓伍，我是独苗，我家没有五个孩子。当她把这段话像背课文似的说给阮明听时，阮明心里笑了一下。阮明没有看错，张小伍是个一根筋、傻乎乎，但挺能干的妞儿。

试用期的第三个月，张小伍发现公司正在研发的一项新产品正在走一个大大的弯路，她激动地写了一份报告给阮明，阮明不知是被张小伍无知无畏的激情感染了，还是被她最后那句"我们可以把这个方案的利弊全部写进报告，请老板定夺"打动，他将张小伍的报告略作修改后转发给了老板。

半年后，新产品成功推向市场，比原来的预期提前了整整四个月。张小伍很开心地看着阮明一次次春风得意地上台讲话，虽然只字没提她张小伍，她却为自己帮公司节约了钱，帮领导树了名而由衷地高兴。

年底，技术一部出了个小差错，阮明将被革职，新上任的研发经理名叫顾小丽，员工卡上写着生于1979，看上去却像85后。

顾小丽第一次召集全部门开会，张小伍因为去设计院取资料，赶到会议室时已经晚了5分钟，偌大的会议室却只有顾小丽一个人。

同事们陆续来了，进门落座，直到比预定时间晚半个小时

用女人的方式
赢
世界

了,依然有两个资深员工未到。顾小丽打电话给秘书,问为什么还没给她一份部门员工的通讯录。张小伍觉得她挺惨的,忍不住把自己手里的那份员工通讯录递给了顾小丽。

当阮明得知张小伍以迅雷不及掩耳之势成为顾小丽的左膀右臂时,着实不爽了一下。阮明在培训部,名为副主任,其实是个闲职,大部分时间都坐在电脑前整理资料。

研发部在三楼,培训部在五楼,与之相邻的是资料室。张小伍去资料室,特意拐到培训部来看阮明。阮明尽管心里对她有想法,可毕竟现在能想得起来看看坐冷板凳的"老领导"的下属已经十分稀罕了,他也就顾不上斗气,拿出珍藏的一盒"椰树"牌椰汁,热情地接待了张小伍。

"最近工作怎么样?"阮明问。

"挺忙的。顾小丽上任以后,想做的事情很多,可愿意帮她的人不多,所以很多事情都分给我了。"张小伍答道。

阮明刚刚放下的怨气不小心被张小伍点燃了,忍不住酸溜溜地说了一句:"真没想到,你在每个领导面前都很听话。"张小伍惊讶地看了他一眼,说:"这不是员工的基本素质么?"阮明的脸微微一红。

几乎每个月,张小伍都会借着查资料的名义来看看阮明,跟他聊聊天。

阮明离开研发部的第一个生日,正逢他老婆刚生了女儿,大家都去忙孩子了,没人记得他的生日,要下班的时候,却有人送来一个生日蛋糕,卡片的落款是张小伍。阮明呆呆地看着那只洁

160

白的底子上烫着金字的蛋糕盒子，想起过去，每逢生日，部门同事总要闹着给他礼物，眼泪差点流了下来，不知是为了这唯一的生日礼物，还是为了近一年来自己所受的冷落与委屈。

职业生涯的第五年，张小伍糊里糊涂成了公司里最幸运的人。

公司决定在新加坡成立一个单独的技术部门，在公司内部公开招聘研发总监。坐了两年冷板凳，东山再起成为总公司研发总监的阮明鼓励张小伍去应聘。张小伍觉得公司里比她资深又比她想出国的技术人员大把，怎么会轮到她呢。阮明却说："我觉得你是最合适的人选。技术上不比别人差，做人方面，你比别人强太多。在那天高皇帝远的地方，一个可靠的人远比一个能干的人重要。"

绣球能落到张小伍手里，阮明自然起到了至关重要的作用，这是张小伍送他生日蛋糕的那一刻从未想过的。

"记住他人的恩惠、不给他人难堪"是张小伍所能想到的职场励志书的全部内容，书名嘛，就叫《简单》。但凡职场成功者，其实都有一颗简单的心吧。

总有人希望有一场邓文迪似的人生，结果却画猫类虎，东施效颦。大多数时候，人生是没有那么复杂的，可以设计的是图纸，而不是人生。

地产界大亨冯仑说，他所见到赚了大钱的人，都不是抱着赚大钱的念头开始事业的，而多半是出于兴趣。

用女人的方式
赢
世界

  一幢大厦是由第一块基石开始,一份事业,是从一个简单的愿望开始。无论办公室里多么复杂,风云如何变幻莫测,如果你不是天生能在复杂关系中如鱼得水,获取最大利益的人精,与其搅入你并不擅长的浑局,不如独善其身,坚守自己的本职,以不变应万变。

  简单的另一个好处是,即使得不到超值的回报,也不会有超级的失落,因为你想做的不过是你应该做的,薪水就是你的回报,其他的,是意外财富,有更好,没有也可以。

  当一个人成功了、出名了,人们分析他的时候,总会注意到那些偶然的、离奇的事件所起的作用,而很少愿意去提及他所做的那些简单的事情。

像找爱人一样找工作

人生三件憾事：久旱逢甘霖，几滴；他乡遇故知，情敌；工作高薪时，殊途。

殊途这事儿比较玄妙，往远里看，是殊途同归，往近里说，却是道不同不相为谋。

苏丝红在新疆长大，虽然大学毕业直接南下，却改不了心直口快的个性。十年换了两家公司，薪水一次比一次高，她却并没有从跳槽中获得职业成就感，做一段时间就烦了，认为周围小人不断，自己心直口快容易得罪人，眼看着90后的小弟弟小妹妹都比自己混得熟练，苏丝红时常有种人至暮年的悲凉。

苏丝红最近入职的这家公司员工以85后为主。苏丝红并不觉得代沟是很严重的事，她一直以为职场是个讲规矩的地方，既然所谓友谊都是假的，不如尽本职守本分，君子之交淡如水。可惜，有时候君子之交淡如水终是抵不过树欲静而风不止。

公司有位90后美眉，热衷于用公家的资源干私活。如果仅仅是下班懒得回家，在办公室蹭蹭空调玩玩电脑也就罢了，并且她还接了第二份工，以至于下班后公司的打印机复印机比大家都在上班时还忙。大家清早上班，经常会发现打印机、复印机莫名其妙地坏掉了。有急事的去别的部门借机器用，没急事的乐得偷得浮生半日闲，反正维修部的人也永远拖拖拉拉。

用女人的方式
赢
世界

对于机器坏掉的原因,大家都装傻,只有苏丝红一个人在抱怨。她是眼里揉不得沙子的,何况这沙实在太大大硬,像只鸽子蛋横在她眼皮底下。

某周一早晨,办公室的机器像被外星人袭击过一样,电脑中毒,打印机停摆,复印机没碳粉,连投影仪都罢工了,种种状况,直接影响了周一的例会,连好脾气的主管都Hold不住了,满眼悲愤。下午一上班,90后美眉被拎进了主管办公室。她红着眼圈走出来的时候,没有回自己的座位,而是径直站到了苏丝红面前。

苏丝红莫名其妙成了告密者。没有人相信她不是,甚至包括苏丝红自己。

递辞职报告时,主管问苏丝红是否对薪水不满,苏丝红摇头。究竟为什么一定要辞职,她自己也说不清。她并不十分在意被误解,也不在乎与同事是否能够成为朋友,但她受不了在看不到光的办公室里日复一日,在自私、虚伪、不负责任的海洋中挣扎。

赋闲在家,与朋友安娜苏饭局,苏丝红谈起自己的辞职。出乎意料,安娜苏并没有嘲笑她是理想主义的傻瓜。

"找工作就像嫁人,人生观世界观不一样,再有钱都没用,过着拧巴。"安娜苏挥动着小拳头,用力地说。苏丝红眼圈一热,以崇拜的目光看着安娜苏。"那,怎么找到与自己意识形态相似的公司?"苏丝红问。

"主要还是看运气,实在不行自己创业吧。"安娜苏吃了一

小口咖喱，目光迷茫，似乎正为逐渐在味蕾之上弥漫的奇怪味道而疑惑不解。

苏丝红暗暗叹了一口气，回家路上买了一本恋爱指导书，决定像找爱人一样找工作。

人与人之间隔着气场，人与公司之间隔着企业文化。"所有的公司都是一样的，天下乌鸦一般黑"只说对了一半。有些事情大约所有的公司都是一样的，另外的一些事情，每家公司是不一样的。

如果你没有勇气趁年轻的时候多换几家公司试试，请勿断言所有的公司都一样。

当然，有两类无需尝试跳槽，一种是运气特别好，遇到的第一家公司就与自己合拍，一种是适应能力特别强，就算在监狱里都能混成一个牢头儿。此亦与找爱人原理相似，有人爱上的第一个人就是适婚者，也有人自信自己"嫁给谁都幸福"。如果你不是以上幸运的或者强大的，你有权寻找一份属于自己的工作，公司的企业文化与自己的人生观世界观相匹配，邻里和谐，同事之间既不亲如一家，也不仇深似海。

如何找到这样的公司？

○ 打听该公司的口碑。有些臭名远扬的公司你绝对不应该因为好奇而闯进去洗个澡，脱层皮。职场如情场，努力避免失败，不是因为害怕失败，而是不要做无畏的牺牲，尤其要避免留下被虐后遗症。

用女人的方式
赢
世界

○ 面试时，请求HR介绍公司的规章制度。如果有些制度特别变态，比如将员工之间不许恋爱写入规章制度，迟到一次要扣几百大洋，这样的公司，自我感觉良好，以豪门媳妇的标准要求员工，往往付的却是小时工的价钱，慎入。

○ 看员工脸上的表情。如果你在面试时，看到从守门阿姨到前台小姐的都属于会微笑的动物，至少这家公司没有狗眼看人低，欺负新员工的臭毛病。前台小姐的态度尤其说明问题，如果她端的是女王范儿，这家公司要么是裙带风盛行（前台是老板的亲信或亲戚），要么内部矛盾重重。

从优秀到优雅

不要在信任面前摔跟头

刘大力在写字楼下面的咖啡馆碰到了眉头紧锁的潘九刀。潘九刀的直线上司霍小东最近离职,他自信满满地以为自己会理所当然地坐上区域经理的宝座,刘斌却选择了让其他区域经理兼管潘九刀所在区的事务。这对一向埋头苦干、积极向上的潘九刀同学来说,无疑是刀上加刀。

"是不是我太低调,不善于表现自己?"潘九刀用手指划拉桌上的水滴,满怀期待地看着刘大力。刘大力觉得潘九刀实在低估了老板。老板是什么人?该看的不该看的都能看到。如果你兢兢业业做事,老板却视而不见,一定不是他看不到,而是他不想看到。为什么不想看到?首要原因是觉得你不是他的人。

在全民NBA年代,赛场上时常出现某球员手烫得令人发指,怎么投怎么进,教练却在关键时刻将他换下的事。解说员扼腕道,没办法,教练永远选择自己信任的球员担当重任,即使他失误,他也愿意为他扛。

"这么说,我注定要一辈子吃草挤奶?"潘九刀沮丧地看着刘大力。

"想办法赢得他的信任,你好好想想,他究竟为什么不信任你,是你做了什么让他感觉不安全的事,还是工作发挥不稳定,或者过于急切地想出人头地,引起了他的反感……"潘九刀陷入

用女人的方式赢世界

茫然，刘大力却清楚地记得一件小事。

那是刘斌接任主管的第一天，原主管刀豆来公司办理离职手续。潘九刀与刀豆站在走廊里至少谈了五分钟，互相道别时，潘九刀红着眼圈、恋恋不舍。透过玻璃，整个部门的人将这一幕尽收眼底。

"对于前任领导，无论感情多深都不能表现出来。人走茶凉是没办法的事，他走向广阔天地了，你却还要在这儿厮杀打拼呢。"刘大力说。潘九刀头点得像招财猫的手。

潘九刀决定为信任而战。他没有声泪俱下地质问刘斌为什么不给自己升职，也没有消极怠工，彻底将自己弄残还以为疼在别人身上。他只是不动声色地每周用邮件向刘斌汇报一次工作，如果刘斌假装没看到，他也装作无所谓。

连续四个月，刘斌按兵不动。

刘大力害怕潘九刀崩溃，主动拉他吃饭喝酒看酒吧表演。潘九刀说刘斌开始回复他的邮件，有时候还表扬他干得漂亮。潘九刀沉浸在攻克堡垒的喜悦中，似乎这件事最终目标是否指向升职已经不再重要。刘大力望着满面春风的潘九刀，自问，如果我是上司，会忽略气场如此健康的下属吗？答案显然是否定的。他知道潘九刀离升职仅一步之遥了。人总是这样，以为攻克堡垒却可能是落入圈套，以为没有希望却可能意外得到。

一周后，刘斌忽然宣布潘九刀任区域经理。看着潘九刀悲喜交加的神情，刘大力异常感慨。多少精明能干的高手没有输在刺刀见红的沙场，而是输在了暗流汹涌的微妙关系上，而所谓微

妙,不过是因了某件小事,你与上司的信任只隔一个点位,主动一点,就过去了,懈怠一点,就永远被排斥在外了。

老板是办公室最孤独的人。

想要获得一个孤独的人的信任,只需一点点主动搭配一点点真诚。

告诉他你的想法,却不要过于迫切地想知道他的想法;真诚向他请教工作中遇到的问题,却不要说别人的坏话;找各种机会、在各种场合,向他汇报你手上的工作,以及工作进展。如果你将这一切都归类为拍马屁,恭喜,你内心深处的自卑足以淹没珠穆朗玛峰。

抱怨老板很拽的员工,只是自己太想在老板面前耍酷,不小心失败了。

用女人的方式
赢
世界

压力是聪明人的游戏

14岁那年,她从台南来到台北。个子不高,眼睛不大,有些婴儿肥,喜欢穿弹力黑色运动裤。她就读的是一所女子中学,每逢放学,附近男中的学生便成群结队地围在女中门口,对每一个走过的女生评头论足。

"哇,她长得好肥。""你瞧她的眼睛,像打不开的窗户。"她低着头,手里紧紧握着书包,只恨出校门的那条路太长。上学成了最沉重的压力,几乎每天一睁开眼睛她就想着如何躲开那些可恶的男生。与比自己更胖的女生走在一起、推迟走出校门的时间、翻墙逃走等等方法,被她轮番使用。终于有一天,她在翻学校院墙的时候被几个顽皮的男生发现,他们追在她身后起哄。她没命地往家跑,在台风刚过的蔚蓝天空下泪流满面。

她问自己,今后漫长时光中,你是否要一直过这种在刀尖上行走的日子?

一周后,她相约许多与她一样经常被男生嘲讽的女孩早早奔出校门,站在了男中门口,学着男生的样子,对走出校门的男中学生横加评论。看着他们红着脸低头匆匆走过,她有一种轻松与释然,仿佛放下了一直在心里端着的、生怕洒出来的一盆水。

对于恃强凌弱的人来说,一旦对方开始反抗,他们便觉无趣。渐渐,出现在女中门口的男学生越来越少,直至完全消失。

她的青春岁月重新阳光明媚起来。

如今的她掌管着一家规模不小的企业，体形依然富态，说不上美，却相当挺拔。每当有员工抱怨压力太大，想要休假，她都会温和却坚决地说，拖延或逃避只会使压力更大，休完假事情还是你的，不如抓紧时间完成，轻轻松松去度假。

对于愚者来说，一个失误或许只是另一个相似失误的开端，对于智者来说，一个决定却可能改变一生。于她而言，14岁的那个决定，尽管没有解决所有问题，却让她学到了人生最宝贵的一课：直面困难，在最短的时间内解决它，其他所谓减缓压力的方法，不过是将急症变成了慢性病。

"压力是聪明人的游戏，我比较笨，不仅不精通于偷懒与捷径，不喜欢把原本应该用来解决问题的时间用在泡吧、K歌上，甚至连明天我都想得很少。我只相信今天，做好今天的事情，不拖延不疑惑不揣度，明天自然不会太差。"她搅动杯中的咖啡，慢悠悠地说。

是吧，爬山的人，一路风景一路歌，痛并快乐着，而压力，其实只留给那些望山兴叹的人。

我们都是背负重担的人，但为什么你的压力格外大？或许不是因为你太笨，而是太聪明，购物、休假、倾诉，不在减压就在准备减压，想以轻松的方式跑赢人生，那些花样繁多的减压方式不过是蹉跎了岁月。

用女人的方式赢世界

○ 给自己的人生划重点。大到人生每个阶段所扮演的角色，小到每一天的工作任务，你必须时刻告诫自己，我不是超人，我只能把当下最重要的事情做好。

○ 放下不切实际的虚荣心。25岁之前，我们不可避免会追随他人的想法，25岁之后，则必须具备在虚荣心上做减法的能力。

○ 抱怨不会出成果，只有征服才会。

○ 不合适的岗位往往滋生巨大的压力，解决的办法有两个，一是换一份更合适自己的工作，二是在最短的时间内提升自己，使能力与职位相匹配。

○ 逃避压力是人类的天性，当我们按照"专家"的建议去购物、做美容、与闺蜜喝咖啡时，不是减压，而是暂时忘掉压力。狂欢过后，压力会随着Deadline即"最后期限"的临近而累积，因此，减压的要旨永远是：行动起来，战胜它。

○ 谁让你猜测，就与谁沟通。当我们认为自己被强加了超出能力的任务或希望时，问题往往不是谁有意让你不爽，而是你并没有把自己的真实感受告诉对方，沟通的目的不一定是减少工作量，而是了解对方的意图，避免无谓的猜测所带来的压力。

○ 及时对悲观的猜测说"不"。望着被老板折磨得要死的同事，如果你的第一反应是"这也许是我明天的下场"，很不幸，你在给自己加压，请一定在第一时间让乐观的那个自己跳出来说，这事儿绝不可能发生在我身上。

○ 主动缓和人际关系，学会对"敌人"微笑。与周围的人关系紧张，往往是压力的根源，破冰之旅是一个简单的微笑，微笑不会让你与"敌人"成为朋友，但至少让你不再害怕面对他们。

Part 05 从优秀到优雅

站得高，你够胆吗

1940年，美国出现第一家DQ（Dairy Queen）冰淇淋店。发展至今，最具噱头的产品是号称"倒杯不洒"的"暴风雪"。在全球任何一家分店，店员将这个产品送到你手上之前，都会将它整个翻转过来，如果洒了会为你重新制作一杯。也许世界上几百种冰淇淋都可以做到倒杯不洒，却没有第二家有胆量这样做给你看，这个以胆量赢得市场的冰淇淋巨头，从另外一个角度恰巧可以翻译为"胆商"。

胆商（DQ）是英文Daring Intelligence Quotient的缩写，当然不是指你敢不敢夜闯坟地，而是讲人际交往或职业发展中的胆识、胆略与行动力。

要说明DQ的重要性，其实不必采访比尔·盖茨或乔布斯的大学同学，只需要采访一下我们身边的路人甲。

话说路人甲的同窗路人乙如今成了某猎头公司CEO。《贰周刊》记者前去采访，问路人甲，作为同窗，你能不能谈谈对路人乙的印象。"最开始，我们都觉得她有点像傻大姐。上课抢着发言，抛的都是烂砖，还跑到校长办公室提议全民灭鼠，开展上交一只老鼠尾巴换一只卤鸡蛋活动。最离谱的事发生在毕业前，有个单位来系里招聘，她没有被推荐，就自己跑去学校周围的酒店打听招聘人员的住处，晚上九点多钟冲到人家住的宾馆毛遂自

用女人的方式
赢
世界

在人人都是思想家的年代，
实干家才是钻石与翡翠

荐，居然被录用……"显然，路人甲不是在抹黑路人乙。就像许多人看到身边熟悉的人一夜暴富，都会很不解地感叹："没看出有啥超人能力，可那么不靠谱的事儿，居然被他做成了。"

当人们不明白为什么那么多智商超过150的人穷其一生从事的最伟大职业不过是躲在网络后面拍板砖时，"情商"出现了；当人们不明白为什么那么多左右逢源的社交高手穷其一生只能做总经理秘书时，"胆商"出现了。

如今，智商、情商、胆商被成功学专家并称为成功三要素，对于中国人来说，胆商往往是最薄弱环节。我们从小就被教育要谦虚低调，要靠谱，绝不能天马行空，等终于大着胆子决定去做一件事时，不是自己已经老了，就是别人已捷足先登。

"他做的那些，我其实都在心里想过一百遍了，有什么了不起？"当同事甲被老板夸上天时，同事乙丙丁皆这样想。可是，同事甲的了不起之处就在于他敢于第一个站出来做。

如果你自认为情商智商都不算太差却总是差了一点运气，其实你所差的不止是一点运气，而是一点胆量。得失心太重，好面子，输不起，越是聪明的人胆子越小，拜托以后学笨点儿，别想那么多。"失败了不过重头再来"，多大个事儿啊。

曾经畅销一时的职场小说《杜拉拉升职记》中，有一位害怕做决断，只盼最安全的人力资源总监李斯特。"哈罗"是他的问候语，"哈哈"是他的口头禅，面对变化的时候，他总是能拖则拖，等到确认安全后，再决定which way to go（行动方向），而往往这时候，整个团队都已经成了泄气的皮球。

用女人的方式

赢
世界

　　许多人如李斯特一样，做职员时有高胆商（Daring Intelligence Quotient），做了主管却胆子变小了，因为害怕错误的决断损伤面子，更怕错误的决断损害前程。其实不是智慧让人失去勇气，而是患得患失让人失去胆商。当你是普通职员时，胆商不够，有老大撑着。而当你成了老大，如果胆商有缺陷，旁人除了急得跳脚就只能急得跳槽了。

　　美国《财富》杂志曾经评选商界50位"女强人"，在总结她们的成功之路后，发现她们无一例外地做过人生"最冒险最困难"的大胆决定。《财富》因此提出，"独立自主，坚持己见"是商界女性走向更高更远的魔法钥匙。

　　任何一流企业都不缺少足智多谋的人才，因为我们随时可以打开电脑，上网咨询最权威的专家。一流企业缺少的是那种敢于在重大事情上做出决断的人才，他的拳头砸在桌面上，于是问题就解决了。承担责任需要有足够的智慧，更需要足够的胆量。"拳头砸在桌面上，于是问题就解决了"，听上去颇有些江湖大佬的快意恩仇，然而，如果拳头砸在桌面上，不仅问题没解决，还把桌面砸出一个洞来，岂不很糗？倘若这样想，恐怕你永远不会有胆量把拳头砸在桌面上。

　　"教主"马云（阿里巴巴创始人）鼓励人们做想做的一切事情，因为"人们很少为自己做了什么而后悔，总是为自己没做什么而后悔"。

　　"如今聪明人很多，胆大的人太少，我庆幸属于少数的胆大的人"是维亚康姆亚洲区前执行副总裁李亦菲的豪言。

　　胆量意味着责任。当你站在视野开阔的凭栏迎风处，依然有随时准备从零开始的决心，大约精于算计的人会嘲笑你的智商，然而，天下不是算出来的，而是打出来的，让智商高的人去做思想家吧，在人人都是思想家的年代，实干家才是钻石与翡翠。

休假是工作的一部分

在2013年之前,林大宝从没觉得小赵那么令人讨厌,如果他能够更早一点发现小赵如此讨厌,也不会让他做自己的副手。虽然林大宝有两个左膀又有两个右臂,但哪一个也不能缺斤少两。

元旦过后,林大宝发现自己的车在节日期间被用了,一问,是小赵用的。这本来不是什么大事。林大宝很少用公司的车,他更习惯开自己的车或者干脆搭地铁,一来二去,他的车因为闲置时间多,慢慢就成了公车。元旦假期,小赵家的车进了修理厂,于是把林大宝的车拿去用,他只跟行政部打了个招呼,却未知会林大宝。林大宝不是个小气的人,只是,当他打开车门,闻到一车的尿味儿,顿时有种自己的女人被朋友上了的感觉,说不出的愤怒与尴尬。

小赵的双胞胎儿子刚满半岁,但世界上应该有一种叫"尿不湿"的东西,他家还有一只硕大的斑点狗。有一次,林大宝陪太太逛街,一辆私家车停在他面前,有人大叫"林总",他定睛一看,一只大狗从车窗探出头来,深情地望着他,以至于他以为那声"林总"并非出自隐在驾驶室中的小赵,而是这条大狗。"多半是狗尿",这个想法,让对人类以外的动物皆无好感的林大宝更多了几分厌恶。

林大宝本来不爽,偏又在走廊里碰着小赵,他正向洗手间飞奔而去,边拉扯着裤门的拉链,边喜气洋洋地冲林大宝点头微笑,英俊的脸上恍惚散发着一股狗尿的气味。林大宝觉得这个年轻人简单鲁莽无礼到令人无法忍受的地步,回到办公室,他做的

用女人的方式赢世界

第一件事是打电话给HR总监，告诉他想换掉小赵。HR总监小心翼翼地询问原因，并且话中带话地说，小赵去年底刚作为优秀员工加了18%的薪。林大宝"砰"地挂了电话。

一天都不爽，也并没有到更年期。幸好，林大宝回家，看到保姆梅姨在厨房里忙碌。梅姨休假这段时间，每天晚饭除了白水面条就是蛋炒饭，没办法，林太只会这两招。

梅姨在林大宝家做保姆已经有一段时间，林大宝最中意的是她做的菜，太太却对梅姨各种挑剔，终于在去年底大爆发，太太坚决要辞退梅姨，林大宝却不舍得，急中生智想出缓兵之计，请梅姨休一个月假。

林太果真想起了梅姨的好，最后，甚至盼着梅姨赶紧结束休假。

林大宝得意。他想，太太并不是真的讨厌梅姨，只是两个人离得太近，免不得勒得太紧，于是从对方的头发丝儿里嗅出了污垢气味。

饭菜合口味，心情就好。饭毕，林大宝忍不住跟太太抱怨车里的狗尿味，还有小赵急忙去上厕所的猥琐相。林太从杂志后面抬起脸，看了林大宝一眼，淡淡地说："让小赵休个假。"林大宝一口茶含在嘴里，差点笑喷出来。

人是奇怪的动物，以为过不去的坎，却不过是一时鬼迷了心窍，所以有人发明了休假这种东西，以方便员工与老板名正言顺、和和气气地分开一段时间，留出一点空间，种植一点善念。夫妻之间就没这个，所以夫妻关系总是比上下级关系更多冷冷热热的战争与煎熬。

当你发现老板或同事变得无法忍受，武断地认为他们故意跟你过不去并非明智，问题多半不是出在他们身上，而是你自己的厌倦。

情绪罢工的应急措施

王美丽忽然进入严重的工作懈怠期。她讨厌24路冷巴上香肠嘴的乘务员,讨厌打卡机单调枯燥的"嘀"声,讨厌电梯里的快餐味儿,讨厌主管顾小白身上的古龙水味,更讨厌同事赵芙蓉脸上像一滴墨水甩出去的轨迹般的眉毛。她对先生说:"我不想工作了。"先生小心翼翼地回答:"那咱们的房贷……"

顾小白曾在部门会议上开玩笑,说如果业务经理都有王美丽那样的酒量,业绩定会翻倍。哈尔滨客户毛大智慕名来找王美丽,王美丽强打精神。酒桌上,她一杯酒半天喝不完,毛大智急了,说你瞧不起我,上次李二毛他们来,你喝了一斤半洋河,放倒了三个人还意犹未尽。顾小白问王美丽怎么了。王美丽借着酒劲实话实说:"最近特讨厌工作,以及跟工作有关的一切。"顾小白沉默片刻,体贴地问她要不要休息几天。王美丽顺水推舟请了年假。想到也许不久后会辞职,钱要省着点花,王美丽干脆呆在家里。

王美丽除了吃饭睡觉就是发呆看影碟,直到先生严肃提出,呆在家里的人应该买菜做饭。王美丽开始下午三四点钟跑去超市买菜,与小保姆老大妈一起"挑肥拣瘦",偶尔讨论一下糖醋小排的做法。回家,太阳还挂在半空,这个时间自己原本应该呆在办公室里给客户打电话或者跟同事斗嘴什么的。六点过后,她开始炒菜,楼道里热闹起来,人们陆续下班。不久,先生开门进来,在厨房门边探头探脑,问"今天有什么好吃的"。王美丽讨厌他那副以功臣自居的模样,自己不过休个年假,如果辞职被他

用女人的方式赢世界

养着,指不定每天要给他打洗脚水呢。

年假第9天,王美丽买了一件粉红色的上衣,准备以新的心情面对工作,忽然接到顾小白电话,告诉她经济不景气,总公司决定员工进行为期一个月的轮休。"既然你已经休假了,这个月的轮休名额就报你,你再放心地休一个月吧。"顾小白说。

王美丽决定找个清静的地方度一把真正的假期。

在丽江呆到第15天,王美丽问每天坐在"一米阳光"喝咖啡的姑娘,你不觉得无聊吗?姑娘懒懒地说,无聊,挺过去就好了。王美丽想,既然每一种生活都有"无聊期",我宁愿在办公室里"挺一挺",好歹还能拿一份自己买花戴的报酬。

轮休后第一天上班,王美丽发现24路冷巴上的乘务员嘴巴长得像舒淇,写字楼电梯里的盒饭味儿像妈妈厨房的味道。在走廊里遇到人力资源部的生姜,两人约好晚上一起喝酒。

酒过三巡,王美丽说自己前段时间差点辞职。生姜说,幸福夫妻一生也会产生200次要离婚的念头,反正想想也没什么坏处,只是别因为厌倦啥的真分了,跟谁在一起又不厌倦呢?王美丽觉得他说得对,但又有问题。"那么,世界上根本不应该有离婚或者辞职?""离婚辞职都很好,人生需要革命,但革命的原因——可以是背叛但绝对不是厌倦。"生姜喝了一口啤酒,青年导师范儿十足地说,"厌倦算个屁!"

人类一生平均有十分之三的时间处于情绪不佳状态,在办公室中,不良情绪会像病毒一样,由一个人传染给另外一个人。因此,每个人都必须肩负起与情绪罢工作斗争的重任。

情绪罢工出现的原因有很多,过分争强好胜,不加选择地在

意他人的看法，被同事背叛，与老板的意见不合，遭遇不公正待遇，以及对未来感到茫然、失望等。造成情绪罢工的原因是客观的，情绪却永远是主观的。正如美国心理学家米切尔·霍德思所言："一些人往往将自己的消极情绪与思想等同于现实本身，其实，周围的环境从本质上说是中性的，是我们给它加上了或积极或消极的价值。"

你怎样去行动，全在于怎样去选择。

在这个世界上，每个人都有情绪罢工时刻，你可以选择积极应对，比如通过努力工作改善心情；通过与产生误解的对方交流，以消除坏情绪的根源；通过改变对未来的预期，以减轻自己过分担忧自己的未来；通过休假，从工作环境中抽离一段时间，以便更清醒地审视自己的工作环境。

情绪罢工是职场常见问题，却并不是小问题，积极应对是我们能够想到的唯一办法。自制是人类最难得的美德，成功的最大敌人是缺乏对自己情绪的控制，所谓控制，不是压抑，而是对症下药。

For敏感而好强的你

如果你过于关注他人的看法，一定要时刻说服自己，他人都是善意的，即使他们的行为令你不快乐，那行为本身也是中性的，不快乐的是你自己的心。

For因为个人生活而闹情绪罢工的你

当生活中发生了不幸，你可以讲给同事或上司听，他们会理解你的诚恳，给予你宽容，你回报给他们的应是自己的专业精神，让他们看到你为克制不良情绪而做的努力。

For因为对不确定因素的担忧而背负沉重负担的你

担忧的杀伤力常常比挫折本身更大，记住美国钢铁大亨卡耐基说的"我不需要担忧，我只需要去做"。

用女人的方式
赢
世界

提高你的办公室"能见度"

波波发现自己身边充满着"委屈"的人。比如Sammia,做事又快又好的鬼灵精,却因为收到网购的包裹太多并且时常被上司看到聊QQ而被定性为"工作不努力的人"。Sammia很委屈:难道一件小事做一天的"笨员工"就是好员工吗?再比如Candy,因为过于老实,许多琐事都分到了她头上,忙碌一个月下来,能够写进月度总结的事情少之又少,她不敢告诉上司自己干了多少琐事,害怕他以为自己在抱怨,于是便被当成了一个工作量不饱和的人。

波波不想做"委屈"的人,她决定让主管掌握自己的工作进度,看到自己的努力。

当她整个月都在忙琐事,便在月度总结报告里说:"我用了整整一周的时间整理客户资料,我觉得定期整理资料虽然会花费一点精力,却是熟悉业务、今后提高工作效率的重要功课。"

她也绝不会选择急忙完成任务,然后去茶水间聊天、网购,而是慢慢地做手里的事,不急不恼,保持好心情,力求每项工作完成得漂亮,并且尽量让每天的工作在下班前完成。她还时常利用在走廊里遇到主管的机会,聊聊手头重要工作的进度,主动告诉主管,任务很艰巨,但一定会想办法克服。波波很快发现,上司很少再指使自己做那些用功不见功的琐事。当有人建议他将琐事分给波波时,他甚至说:"波波手里那个客户调查很重要,别让她分心。"

Part 05 从优秀到优雅

办公室中，得到升迁的往往不是能力最强的人，因为能力最强的人往往不屑于表现自己。

"前程无忧"所做的一项调查显示，38%的受访者认为老板主动看到了自己的工作，27%的被调查者认为通过"暗示和提醒"，老板才看到自己的工作成绩，更有35%的人认为老板根本看不到自己做了什么。

每一片职场江湖中都藏着一些"时运不济"的人，他们工作比别人努力，得到的却并不多，甚至有时候明明事情是他做的，功劳却算到了别人头上。当我们抱怨老板不公平时，并没有意识到职场成功与否是由三个要素组成的，即专业表现、个人形象、能见度。其中能见度所占比重为60%。从某种意义上说，职场考验的不是你是否做得好，而是是否懂得醒目却又不刺眼地亮出自己。

套用《大话西游》一句经典台词："你要就说嘛，你不说别人怎么知道你要。"许多自认为优秀的员工，往往脱不了"清高"的窠臼，以为只要是金子总有一天会发光，却不知道在这个"发光要趁早"的年代里，如果你不跳出来，是没有多少人有耐心去发掘你的。

总的来说，在职场中太低调很容易吃亏。尽管大家都喜欢埋头苦干却不争名夺利的员工，然而，有职位空缺时，老板却极少想到他们，因为他们在目前岗位上做得很好，一旦调离，很难找到"接班人"，并且老板甚至不确定他是否有能力或者兴趣去管理别人。

用女人的方式赢世界

当然提高自己的职场"能见度"是使用正当手段秀出自己,而不是踩着同事的尸体往上爬,一定要避免矫枉过正,否则一不小心就成为马屁精或抢功小人。

"表现好" VS 拍马屁

每天给老板端咖啡的员工很难得到升迁,因为没有老板愿意被说成"用人唯亲"。然而,倘若你能在老板与客户谈话时主动给他们端来咖啡,在前来开会的外地客户生病时亲自送上药品,在老板发怒时主动接过那件棘手的工作,定会成为老板眼中的可造之材。

"表现好" VS 好表现

把根本不知道你是谁的客户描述成自己的铁哥们,在工作未完成之前就给老板传捷报,把大家合作完成的工作算到自己头上,"好表现"的结果是同事视你为过街老鼠,老板暂时被蒙蔽,很快也会揭穿你。而所谓表现好,用什么方式不重要,重要的是你所表现的一切都是真实的。

"表现好" VS 抢功小人

抢功小人,人人喊打。当你不遗余力描述自己的业绩时,不妨顺便夸赞一下合作伙伴,老板绝不可能忽略了你而盯着只出场一次的"龙套演员",相反,这样做会给他留下"你具备超强兼容性与团队意识"的好印象。

"表现好" VS 自大狂

自大狂常常不分场合地表现自己,甚至不顾上司的感受,连"功高不可盖主"是职场定律都不懂。无论你的业绩报告多么完美,都不要忘了用一两句话来说明上司对你的帮助;无论你的创意多么特别,都不要在上司的上司面前说这是我一个人想出来的。

Part 05 从优秀到优雅

虐待式勾引

"小苏,到我办公室来一下。"苏丹红最近走了狗屎运,躺在地窖里都中枪。

朱伟走马上任那天,苏丹红床头的老皇历上写着"婚姻或得逢此日,生得孩儿福寿全"。苏丹红撇了撇嘴,觉得老皇历啥都好,就缺与时俱进,比如上面应该写"职场换新逢此日,升职加薪全不愁"。

好在星座书上有写,摩羯男与双鱼女是绝配。

双鱼女苏丹红对摩羯男朱伟的印象不错。他身量不矮,但由于过于敦实,便不显得高,典型的东方饼子脸,面部表情严肃,但因为戴了一副价值不菲的玳瑁框眼镜,倒也不令人讨厌。新官上任的第一场会议结束后,苏丹红刚把手机状态由静音调到标准,就有电话打了进来,朱伟听到苏丹红幼稚的手机铃声《麦兜与鸡》,做了一个被雷倒的表情。

朱伟上任后,苏丹红多了一个外号——应召女郎。有时候是与其他部门的协调工作有问题,有时候是交上去的报告有问题,有时候是工作态度有问题,有时候是开会时没有态度有问题。一轮又一轮的思想工作,比年末商场的打折活动更为频繁汹涌。

苏丹红是个倔强的姑娘,心里有一股不服气,并且很幸运地转化为了动力。她每天加班加点,凡事检查再检查,确认再确

用女人的方式赢世界

认,功夫不负有心人,朱伟能挑的错越来越有限。有几次,他在走廊里碰到苏丹红,端起架子,清清嗓子说,嗯,这个……嗯,那个……苏丹红这个那个迅速汇报完毕,该做的都做了,不该做的也做了,朱伟努力还想说什么,却明显疲软。

没清静几天,有人跳槽走了,他的工作仿佛顺理成章地转移到了苏丹红身上,这下苏丹红有点受不了了,去找朱伟理论,说到激情处,梨花带雨。朱伟藏在镜片后的双目炯炯有神,像打了鸡血般,为说明人类应该具备忍受委屈的能力,硬是从岳飞精忠报国讲到了林凤娇舍身保家。眼看天色渐晚,苏丹红摇动白旗,朱伟开车送苏丹红回家,临别赠言是"你已经比大多数女人强,但我要你比所有女人强"。

朱伟的话像一把辣椒粉撒在苏丹红身上,她浑身不舒服地上楼,开门,倒在沙发上,脸都没洗就睡了。

头顶没伞背后没树,上司还整天拿把铁锨要埋你,苏丹红在办公室的地位一天不如一天,连刚来的新人都敢挑她的刺。

形势迫人,苏丹红决定辞职走人。失业第一天,她收到一束玫瑰花,随附的卡片上写了一句话:小苏,到我办公室来一下。这场景放到文艺女青年那儿,都够拍惊悚电影了。职业女性苏丹红怒气冲冲地给前上司朱伟打电话,质问他为何要对失业的前下属冷嘲热讽,朱伟缓慢而严肃地说:"其实,我喜欢你很久了"……"去你妹!"苏丹红在心里骂道。

关注的起因是喜欢,无论它的表现形式是赞美还是找碴儿,男上司尤其善于虐待式勾引,后来想想,苏丹红似乎也理解了这种奇妙的快感。

Part 05 从优秀到优雅

史上最著名的办公室恋情发生在美国总统克林顿与他的白宫实习生之间,克林顿先生兼被评为世界上最具一心二用潜质的职业人,据说很多次,他们之间的调情是发生在总统先生召开电话会议时。

男人比女人更主动、更直接、更热衷于办公室恋情,他们常常有一种错觉,办公室的地盘是他的。

我们依然处于一个男权世界,而男权最集中的表现是在办公室中。男人不仅拿更多的薪水,占有办公室更多资源,并且想当然地认为,办公室中略有姿色的女同事均属于"可占有、可利用资源"。调情是职场男人无师自通的一门绝技,在电梯里夸女同事的衣服好看,交代任务时顺便拍拍她的肩膀,酒局中为她布菜挡酒,应酬完毕护送她回家,一时冲动或借酒发疯时目光炯炯地说其实我挺喜欢你。

即使尚不深厚的爱情,女人也可为之放弃事业,而男人,即使比较深厚的爱,一旦妨碍了事业,他们都可能力求全身而退。又或者,他们并非想要认真谈一场恋爱,而是将勾引女同事或女下属当作枯燥办公室的调剂。

女人在办公室恋情中通常扮演日久生情欲罢不能的角色,而男人则负责酒后乱性或冲动者角色,冲动与酒精也是他们推卸责任的最佳借口。

网络论坛中,时常有男人大倒苦水,说我与她在出差中发生了一夜情,回来后她竟纠缠不休,你以为的缠绵痴情,在他眼里叫纠缠不休,真是令人伤心。

> 用女人的方式
> **赢**
> 世界

结束办公室恋情的最好办法是离开办公室。谁离开？当然是入戏较深、感情脆弱或地位敏感的那一个，而那一个，通常是女人，这样的故事在修成正果的办公室恋情中同样会发生，几乎没有现代企业可以容忍同事之间谈婚论嫁。

瞧，办公室于女人而言，总是有那么一点不公平。想要公平，就得自己去找，或者抗争，或者努力，或者开心就好、得过且过，或者野心勃勃、利用完一个甩一个，做什么不重要，顶重要的是过得了自己这一关。

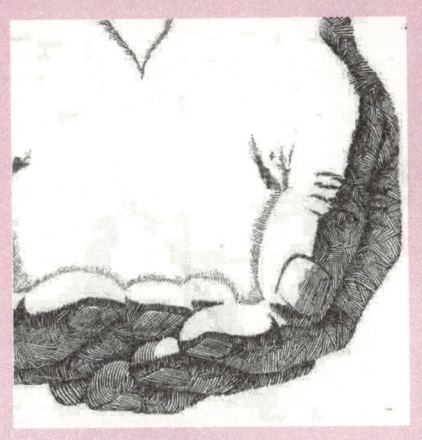

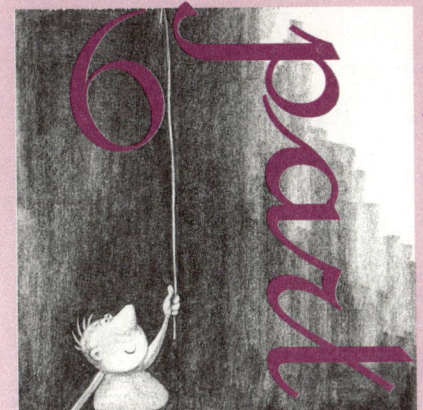

part 6 工作并非为了含辛茹苦

　　快乐地工作是不可能的吗？当然不是。即使同样处境之下，也有人视工作为强奸，有人视其为私通。

　　工作远不如休闲轻松，然而，倘若没有工作这个怪物作对比，便也无法显出休闲的小清新气质。

　　工作与休闲，都是我们所必需的。

　　世界上，有一部分人选择了自己热爱的工作，更多的人没有遇到自己热爱的工作，甚至他们从来不知道自己热爱什么，但这不代表后一种人就只能将工作视为折磨与忍受。

　　办公室的不快乐根源在于压力，而压力又来自于你与周遭的摩擦力。快乐工作不是一句空话，只有当你掌握了人际关系的滑润剂与高效工作方法，才有可能放下压力，收获一个微笑。

用女人的方式
赢
世界

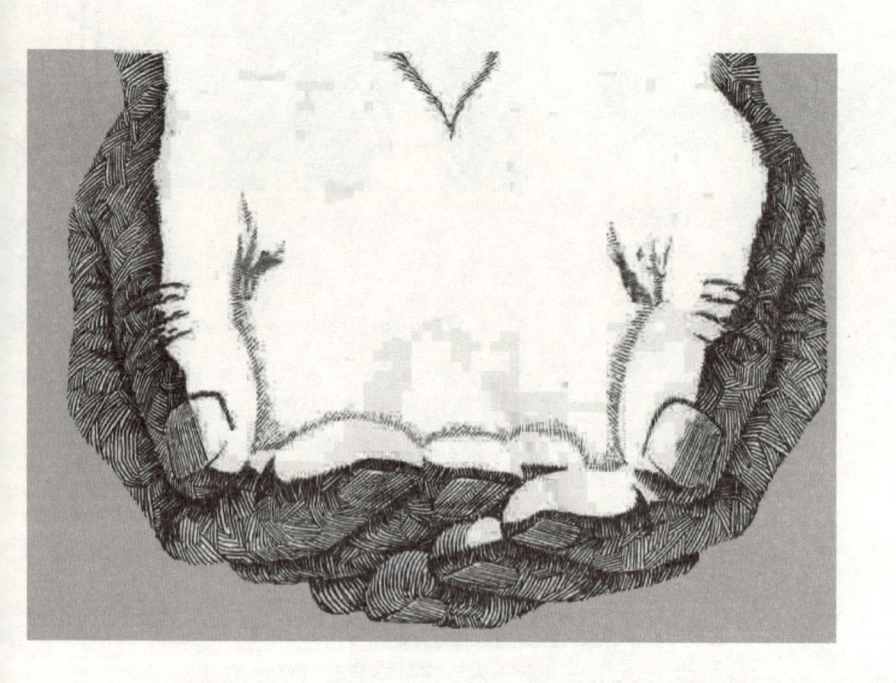

玩转办公室甜言蜜语

世界上有许多虚伪的人，叶小毛与王大智是个中翘楚。比如同事王美丽烫了一个鸡窝头，叶小毛说："你的新发型好有特点。"王大智说："在走廊里远远看到你，我还以为李宇春来咱们公司了呢。"沈妮觉得这帮人太不负责任了，简直就是逼着王美丽往雷人教教主方向发展。于是，当王美丽扭着小蛮腰走过来问："亲爱的妮子，你觉得我的新发型怎么样？"沈妮认真而坦率地说："说真的，我觉得你不太适合这种发型……"她本来想给王美丽讲讲本年度潮流发型TOP10，提高一下她的时尚品位，王美丽却像看到鬼一样，僵着一脸的假笑，迅速逃跑了。

这个虚情假意的世界啊，有时候，沈妮真想弄两只耳塞把耳朵塞起来。

工作做到了第四个年头，沈妮依然是办公室里默默无闻的那一个，她知道自己时常说真话得罪人，索性话说得越来越少，大家觉得这小姑娘活儿不错，就是太较真，不合群。

六月刚过，叶小毛升职了。沈妮觉得他除了长了一双巧嘴，别无长处。然而，当叶小毛将德芙巧克力放在她的桌上，她还是笑眯眯地连说"恭喜"。

"沈真人，你说恭喜的时候，心里嘀咕的是小人得志吧。"王大智在QQ上鬼鬼祟祟地说，沈妮回了他一个笑脸。

用女人的方式
赢
世界

中午吃工作餐，王大智给沈妮讲了个故事。说他哥哥公司的一位员工，参加了一种拓展训练，这个训练要求每个人作出各种承诺，其中包括始终诚实。结果，他拓展完，回去上班的第一天就被炒了。上午，在关于"公司制服式样"讨论会上，他站起来说，这种会简直是浪费我们的宝贵时间。下午，对于一个来讨债的客户，他说，你死了心吧，公司现在根本没钱给你。

沈妮笑得差点滚到椅子下面。

"世界上还有这么笨的人吗？"

"我们都可能是这么笨的人。"王大智一本正经地说，"比如你吧，觉得王美丽特不会打扮，叶小毛长得像武大郎。所以你总想给王美丽上课，跟叶小毛说话的时候眼睛总盯着他的纽扣。你心里装了太多'诚实'，一分钟都不想委屈自己，于是行为便不小心暴露了你对人家的瞧不起。你以为人家感觉不到吗？你为什么要这么诚实？丝毫不是为了他人更不是为了团队，不过是想证明你比别人牛，你比别人更健全。而我为什么不诚实，因为我心里装着别人的感受。"

沈妮被王大智的话钉在椅子上动弹不得，她的脑袋里转着一百个念头，要改变自己。

下午，沈妮去总公司办事。办公室里坐着三位女士，沈妮要找A办事，于是赞美她漂亮、会打扮。"我一进来就看见你闪闪发光，把整个办公室都照亮了。幸亏你这样的大美女没在我们办公室，否则我们都没活路了。"A笑得花枝乱颤，深入实际问题才发现，沈妮所要办的事已经移交给办公室另一位女士B。于是，B板着脸，硬是从沈妮的报告里挑出了不下十处错误。

Part 06 从优秀到优雅

原来，玩转甜言蜜语是要有功力的。沈妮想想自己曾经说叶小毛就长了一张嘴，不禁有些脸红，她自己，可是连一张嘴都没长到呢。

如果没有谎言，公司会很快崩溃，就像是没了钱的世界一样。老板的每个指令都有人说他在放屁，而同事之间更会打得不可开交，除了发工资，否则在办公室里说YES的多半是出于虚情假意。

《纽约客》（即报纸《New York》）专栏作家说，办公室是个谎言堆。大家之所以热衷于言不由衷的甜言蜜语，是因为将伤害他人的真话藏在肚子里，会让大家的状态都舒服一点。工作已经够无聊了，如果再遇到几个患有"诚实偏执症"的同事，这班就上不下去了。

热衷于职场甜言蜜语的人，是承认了自己就是流水线上的一枚螺丝钉，与旁人没有太大区别的人。认命，才是职场王牌，一切个性皆是在它的阴影下悄悄进行的，否则还没等轮到你的个性发光，就已经被就地正法。

职场人的生活，无不是将无数个NO、NO、NO咽进肚子，吐出来YES、YES、YES，清高与虚伪的区别不过是五十步笑百步，当然，甜言蜜语也不是那么好玩转的，这是一项技巧更是一种能力。

人人喜欢被肯定。毫不吝啬地肯定他人，在别人心花怒放的时候提出自己要求，这个活动类似于射击，靶子上有三个同心圆。外圈是外表，中间一圈是成就与性格，第三圈是潜力（当事人自己可能都未察觉的优点），如何击中靶心？12字箴言为：小心观察、大胆假设、仔细求证。

用女人的方式**赢**世界

赞美他人外表是最简单的职场通行证

经典句式

直入主题式
○ 您今天气色真好。
○ 你穿这件衣服好漂亮,简直有奥黛丽 赫本(布拉德 皮特)的神韵。
○ 面对这么大的工作压力,你居然不仅没有黑眼圈,还拥有婴儿般的肌肤。

调侃幽默式
○ 有没有人说过,你的气质很像曾子墨?
○ 帅哥(美女),真没想到工作服都被你穿得这么有型。
○ 你认真的时候很性感。

旁敲侧击式
○ 你的掌纹看上去很有富贵相。
○ 你吃了什么灵丹妙药,怎么去年二十今年十八。
○ 你在哪家店做的头发,把发型师介绍给我吧。

你要当心的事
○ 用比较的方式赞美别人,很可能得罪他旁边的人。
○ 地位与你相差越悬殊,关于外表的甜言蜜语收效越低。尤其对于男老板,基本没有杀伤力。
○ 有效的赞美永远发自内心,这就是赞美与拍马屁之间的区别。

与工作能力有关的甜言蜜语永远最迷人

经典句式

借力式
○ 老板时常跟我们夸奖你反应机敏,什么事情交给你都很放心。
○ 您的名字简直可以用如雷贯耳来形容,很多客户都对我说你是一个体贴细心又善于为他人着想的人。

激发想象式
○ 你的思维方式简直像比尔·盖茨。
○ 我觉得善于抓住重点是你最大的优点,据说奥巴马这方面的能力也很突出。
○ 除了你,我想不出还有什么人能胜任这项工作。

虚心求教式
○ 我好羡慕你能把上上下下的关系都处理得十分得体,请问你是怎么做到的?
○ 你完成得如此完美,如果公司能安排时间让你给我们作一次报告就好了。

你要当心的事
○ 甜言蜜语应该建立在细心观察、仔细总结的基础上,不一定每句话都正确,但至少要靠谱。
○ 不要当着老板的面赞美同事,以免老板觉得这个人抢了自己的风头,但要当着这个人的朋友的面赞美他,让他感觉很有面子。
○ 尽管酒量大或会讲黄段子也是潜在的工作能力,不过多数人不喜欢别人这样夸赞自己。

关于潜力的甜言蜜语，会让对方视你为知己

经典句式

预言式
○ 我觉得你有做老板的潜力，因为你很善于反思，并且在反思中飞速进步。
○ 就冲着你不撞南墙不回头的劲儿，不出五年，就会成为这个行业中的佼佼者。

良师益友式
○ 我发现你在人际关系方面很敏感，分寸感非常强，如果机会好的话，做市场比做技术更有前途。
○ 再优秀的人也有不自信的时候，你最大的优点是即使不自信的时候也表现得很自信。

推心置腹式
○ 从你永远整洁的办公桌就能看出你是一个细心而有条理的人，很适合现在这个行业，不过是需要等待一点点好运气。
○ 你乐观而大度，而我有时候不够成熟，所以我对于咱们两人搭档很有信心。

你要当心的事
○ 暂时远离那些正处于微妙期的同事，甜言蜜语只给对自己有用的人。
○ 对于那些过度自信的人，继续赞美他是不负责任的表现。
○ 永远不要预言谁将会超过老板。

实用甜言蜜语总动员

经典句式

面试甜言蜜语

○ 我认为这份工作很有挑战性，如果能为贵公司服务，我会感到无比的自豪和满足。

○ 找一份理想的工作并不容易，然而今天坐在这儿，我感觉它离我已经并不遥远。

○ 贵公司有很多地方吸引我，比如它的名气、所提供的机会以及人性化的管理和舒适的工作环境。

初次见面甜言蜜语

○ 您的气质很像我的一位朋友，他在某某公司（当然要是全球知名的大公司）做得非常好。

○ 有空赏光去唱歌吧，您的歌一定唱得很好，一看就超有文艺细胞。

○ 能与您坐在一起谈话，基本相当于上了一堂顶级的业务培训课。

用女人的方式
赢
世界

危机攻关甜言蜜语

当你想让别人帮忙做事

"帮帮我，除了你，我想不出还能找谁。"

——男人无法拒绝英雄主义的诱惑，女人无法拒绝荣誉的快感，总之，无论男女，都会觉得帮你义不容辞。

当你没有按时完成工作

"我很后悔没有早一点向你请教，因为我顾虑到你工作太忙。"

——如此体贴细心又谦虚好学的下属或同事，谁还忍心责备？更何况你已经明明白白地承认了他的重要性。

当老板让你对一项大家颇有微词的决策提建议

"有人觉得这个创意很俗气，不过，我觉得这世界上还是俗人多一些，迎合他们就是抓住了市场。下一个方案我们或许可以给大家来点惊喜，争取一些高端客户，我想了一个方案，请您指正……"——首先要对老板的决策表示赞美与肯定，然后提出自己的想法，要有具体的方案，因为老板最讨厌言之无物的指手画脚。

当你想推掉某项工作

"从大局来看，我觉得某某可能比我更适合，因为他更了解这个客户，并且跟我一样熟悉整件事情。"——你推掉这个工作，不是为了自己的私利，而是为了公司更好的发展。

职场幸福感，你快回来

西西在一家规模不大的日用品公司做策划总监，从工作的第五年开始，她明显感觉到自己的不快乐，原因无非是工作重复、工作时间长、工作生活无法兼顾等等。西西已经不是初涉职场的"小盆友"了，很明白大家在工作中遇到的事情其实差不多，她也曾经遇到过工作倦怠期，却没有哪一次像今天这样困惑。最让她困惑的是，为什么自己的父母也是一辈子做一份工，并且收入远远不如我们，职场幸福感却远远大于我们。每当她向当了一辈子教师的老妈抱怨工作没意思，连带着生活都没意思时，妈妈总是很不解地问："啥叫有意思？天天呆在家里吃了睡睡了吃就有意思了？"啥叫有意思？仔细想想，其实西西自己也不知道。

跳槽可以带来幸福感么？身边正面案例不多，反面典型倒很多，除非那些在原来公司实在混不下去的人，否则大家在新公司还是会遇到老问题，而且很容易把心态搞坏。离开职场一段时间就可以重新找回幸福感么？也比较难吧。反倒容易找到绝望感，因为你会发现，自己是那么缺乏幸福能力，就算呆在家里什么都不做，都找不到幸福感。

老妈说西西是因为得到太多，身在福中不知福。也许吧。又或许，在他们那一代人看来，工作就是工作，饭碗而已，不强求也就没有烦恼。

用女人的方式
赢
世界

西西知道抱怨不能解决任何问题，所以她开始在上班的时候用车载音响放哈林的歌，"你快乐吗？我很快乐……"

世界上不存在所谓幸福指数高的职业或行业，如果一定要有的话，也许是意大利黑手党，因为他们每个成员都拥有无比坚强的神经。在积极人格理论看来，幸福感是一种主观感受，不同的人对同一种生活会产生明显不同的主观幸福感，而同一个人在不同的生活中也可能产生同样的主观幸福感。这就是为什么对于99%的职场不幸福人来说，跳槽本身并不能改变什么，除非工作的改变带来了心态的改变。

愈是感性的人，愈会强调职业幸福感，也便愈容易失去职业幸福感。这或者可以解释，为什么在职场中，女性比男性更容易感觉"不幸福"。在拉丁语中，"工作"（tripalium）的本意是"刑具"，认知心理学家皮埃尔·布朗认为，"自从亚当与夏娃被驱逐出伊甸园，不得不靠自己的辛劳换取生存，工作就一直被看成上帝对人类的诅咒"。为什么我们的祖辈鲜有"职场幸福感"问题？因为他们很少考虑所谓幸福地工作，工作就是工作。

一个人，住小木屋本来是没有问题的，也丝毫不会带来不安全感，因为木屋已经满足了人作为生命体的基本需求，不快乐的出现一定是因为小木屋旁边有了一所大房子。我们总会有这样一种错觉：别人的职业一定更有意思，别人的工作与职位更让人羡慕。从某种意义上说，这是追求上进的表现，从另外一个角度，却可能是不快乐的开始，正如法国抗工作压力行动研究所创始人

Part 06 从优秀到优雅

埃里克阿尔贝说的那样,"只要人们更现实一点,就能更好地向前发展"。

人们习惯将职场不幸福感归罪于职场本身。然而看看周围便不难发现,无法处理好职场关系的人,通常也无法处理好与伴侣、家人的关系,或者可以这样说,这个时代情感的动荡加剧了人们职业幸福感的动荡,许多女性将昨晚与男友吵架当作了今天不想工作的理由。

如果工作一定要扯到幸福感的问题,它与婚姻的幸福感是类似的——爱不爱自己直接关系到一个人的职业幸福感。何为爱自己?要有规划,但不要给自己盲目加压;不做无谓的攀比;自己的感受比他人的看法更重要;懂得取舍与妥协;绝不要用完美主义来累死自己。你爱自己吗?或者你只是爱别人眼中的那个自己。

○ 做好职业规划,看得到未来的人会幸福一点

所谓职业规划,是由无数小细节组成的,比如每个月完成多少任务量,每年认识多少客户,聚沙成塔,一步步你会离自己的目标越来越近。"我想在半年之内成为主管",这不叫规划,而是不切实际的期望。

○ 职场暧昧让办公室成为可爱的地方

尽管大公司反对办公室恋情,然而,许多工作出色的家伙们正是在办公室里同时解决了事业与爱情。当办公室中存在让人愉悦的人际关系时,上班会成为一件快乐的事,当然,最好不要将暧昧发展为恋情,暧昧是一种可以无限延展的关系,恋情则必定以某种结局收梢。

用女人的方式
赢
世界

○ 欲望少的人智慧多

"我每天祈祷,不是为了更多的财富,而是为了更多的智慧,用以认识、利用、享受我已经有的财富。"当我们为了薪水而不断挖空心思,往往缺的并不是财富,而是享受财富的智慧。

○ 理顺人际关系,不与任何人为敌

幸福并不取决于财富、权力和容貌,但取决于你和周围人相处的状况。除了少数天才,孤独总会让我们感到难过,宽容对待那些"令人讨厌"的同事或上司,其实不是为了他们,而是为了我们自己。

○ 允许并且原谅自己暂时的失利

人不可能同时拥有一切,只有抓住自己认为最重要的东西,平和地抛开那些与之相冲突的诉求,才不至于经常有挫败感。

Part 06
从优秀到优雅

不要往自己的鞋里倒水

从7岁开始,阿雅就觉得老天对自己不公平。凭什么王珊珊的眼睛比我大,李不白的皮肤比我白。凭什么同样考了100分,老师却让刘牡丹当班长。凭什么上课的时候,我先举手,老师却让不举手的陈水仙站起来回答问题……

29岁的时候,阿雅已经是名校硕士毕业,在一家电子企业工作了三年。当起初的豪情万丈被现实一点点磨平,她发现,学校的"不公平"与职场的"不公平"相比,是小巫见大巫。更恐怖的是,绝大多数同事选择了逆来顺受,竟然还有人对她说,生活就是一场强奸,如果不能反抗只能享受。

凭什么她比我晚来公司,薪水却比我高?

凭什么她去伦敦出差我却只能去香港?

凭什么每次的业绩考评他都得A,难道老板不知道他曾经张冠李戴弄错了客户资料?

起初,许多同样郁郁不得志的同事很喜欢阿雅,觉得她不虚伪,敢说真话。日子久了,人家也受不了她的负能量比撞沉"Titanic"号的冰山还强大。

如果工作真是"刑具",抱怨似乎在所难免。可是,如果抱怨起不到任何作用,人们又为何要成为它的奴隶?

能把工作当情人,是境界。大多数人只能拿工作当元配,虽

用女人的方式赢世界

有若干不如意，至少人家温暖了你的寒夜。阿雅把工作玩成了情敌，每天八小时如龙潭虎穴。有好事者劝慰她不要想太多，阿雅轻启朱唇："凭什么不想？明明是他们不对。"没办法，"凭什么"小姐永远有理，不讲理的是工作，所以她们永远与工作拧巴着，找不到合脚的鞋。

阿雅并不知道，其实鞋是合脚的，只是有点潮。美国《时代》杂志称，那些在办公室中不断抱怨的人，是"往自己的鞋子里倒水"。

绝对的公平是不存在的，关键在于你站在什么角度看问题。倘若你永远站在自己的角度看问题，难免会问十万个"凭什么"。其实，当你抱怨凭什么别人得到比你多，答案其实很简单，就凭你是你，别人是别人。

活累钱少老板傻，这世界上有太多事情值得抱怨。对不快念念不忘，不快便会如影相随；看不到光明，光明就会离你远去。

所谓家家有本难念的经，办公室里也一样。你眼里的举手之劳对别人来说却可能是沉重的负担，人在职场都不容易，每个人都有自己的选择，即使你不同意，也请尊重对方的选择。

许多时候，爱抱怨的人不是因为他们比别人过得差，而是他们将抱怨当作了一种减压方式、撒娇方法甚至生活习惯。没有人喜欢爱抱怨的人，除了当他们有利用价值的时候，一个有前途的职场人绝对不会随意抱怨自己的上司或同事，因为他们知道，抱怨不解决问题，只是纵容了自己的软弱。

Part 06 从优秀到优雅

○ 换位思考。心有愤懑时,多想想倘若你处于对方的位置会怎样做。

○ 尝试有效抱怨。如果确信自己遭遇不公,与其向不相干的人抱怨,不如理清思路,向上司争取合理权益。

○ "每个人都有难处,只是旁人不了解罢了",时常这样劝诫自己,培养宽容之心。

○ 树立反面教材。仔细观察和分析办公室里最被大家讨厌的怨妇之行为方式,当你有类似行为时,心里自然会有一个声音断喝:你与那个最讨厌的八婆差不多了。

○ 远离喜欢抱怨的人,与积极乐观的同事做朋友,你将生活在一间有窗的办公室。

○ 尝试说"我建议"而不是"我觉得",倘若你没有更好的建议,就不要抱怨别人的方法落后、老土、没效率。

○ 抱怨之心人人有,然而,在开口之前,你必须梳理困扰自己情绪的主因,如果是因为最近加班太多,就努力提高工作效率或者向上司申请减少工作量,而不要抱怨别人的活儿比你轻松,指桑骂槐,小心犯众怒。

○ 我这样说,解决了什么问题?这是你时常要问自己的问题。表达不满是为了解决问题,而不是图口舌之快,否则很可能引发"口臭"。

205

用女人的方式赢世界

祝福一个心软的人

无团可接的日子,沈黎喜欢去大学蹭课或听讲座,洗洗被商业污染的心灵。导游这个职业的确毁人不倦,跟空姐差不多,贵圈很乱,倘若不人为地吸取点精神养料,混几年出来,就穷得只剩钱了。

沈黎大学广告专业毕业后,来到旅行社的第一年,业绩便排了第一名。那时的她,初生牛犊不怕虎,加上家里经济困难,赚钱是她唯一的目标。"出来玩不就是被宰的吗"是沈黎当时的名言,无论导游之间谈话,还是对那些抱怨自己被宰的客人,她都眼睛一翻,露出70%的眼白,从牙齿缝里挤出这句话来。奇怪的是,原本怨气冲天的客人,听到这话,就像微博上求打分的人听到博主说"负分,你必须服"一样,反倒灰溜溜地收了怨气,伸长脖子准备挨宰。

如此,美丽而聪明的女导游沈黎便勇往直前地走在不需要下限的路上,深得领导喜爱同事嫉妒。

这是一个大团,50人的规模,男女比例大约是3∶1,据说都是某国企劳模。中午,沈黎接到同事猴子的电话。猴子与沈黎要好,开口便道:"听说你以大无畏的精神,勇敢地接下了贫困团,连条件都没跟经理谈?"沈黎心里一沉,猴子从业多年,他认定的"贫困团"那就是贫困团,否则他的绰号也不会叫"猴子"了。

这个"贫困团"果真让沈黎"捉急",自费景点一律不去,任你吹得天花乱坠。到了购物区,呼啦啦地涌进去,却像看西洋镜,空着手出来,连一包零食都不买。

三天时间,如白驹过隙,沈黎只剩下最后一次翻本的机会。

那是一个很大的珠宝卖场,里面大部分是名不符实的货品,反正老祖宗奸商有句名言"黄金有价玉无价"。珠宝卖场的老板是个江湖大忽悠,沈黎称他为"刀哥"。卖假货的比卖真货的更真诚,刀哥就是这样一个人,他身上的江湖气,有一种强烈的感染力,让你觉得他可以交往,甚至深交,直到他把你卖了,你还帮他数钞票。

沈黎进门时,一副纵欲过度的苦命相,刀哥尽收眼底,于是忽悠得格外卖力,听完他的"讲座",众人纷纷像被洗了脑一样涌向柜台,沈黎站在门外,装作满不在乎似的逗弄刀哥养的小狗。

有人在背后拍沈黎的肩,是个瘦高的中年男人。三天来,他总是坐在旅游车的最后面,很少说话,不停地拿卡片相机拍照。

"帮我试一下项链好吗,我夫人与你的气质很相似。"男人笑着说。

他相中的是一套红宝石首饰,沈黎戴上首饰,男人端详着犹豫不定,周围有人说,呀,这小导游长得真像王娟年轻时候。中年男人笑了,决定买下了这套价值不菲的首饰,钱不够,还找旁边的人借了一点。

旅游购物容易传染,其他人相继也买了一些贵贱不等的东西。

用女人的方式赢世界

再上车时，沈黎绷了三天的神经终于松弛下来。人在职场，钱是很重要，开心或者成就感更重要，她不想自己的职业生涯留下一页突破底线的惨败。

"王娟是他爱人吗？"沈黎问坐在前排的大姐。

"嗯。这个名额本来是王娟的。"

"模范太太啊，旅游的机会都让给老公。"

"她快死了，癌症。"

汽车正巧一个颠簸，后排的人被颠得从座位上跳起来，那个给太太买项链的男人个子最高，撞得也最厉害，他一手摸着头顶，另一只手却不忘举起卡片相机拍照。

"他拍那么多照片，就是为了给太太看……"大姐继续说。

回公司办完交接，沈黎站在白晃晃的日光下，却觉得有点冷。犹豫了一小会，她直接去了刀哥的店里，选了一套真的红宝石首饰。

付款时，沈黎暗骂自己，真是神经病，两个月工资没了，然而，她还是义无反顾地将它寄给了那位瘦高的游客。紫荆花开得正盛，不时有花瓣落在不远的前方，沈黎边走边小心绕开那些紫红色、粉红色的花。有一位朋友对她说，举足之间，你可以毁灭它，却没有做，即是行善。那位朋友是做销售的，花许多心思与金钱，帮助一个寂寂无名的乐队出了一张注定赚不到钱的唱片，他说我在工作中"坏事"做尽，生活中经常要做点好事，平衡一下。

Part 06 从优秀到优雅

工作就是江湖吧，人在江湖，身不由己，幸好工作之外还有一些事，是我们能做并且应该做的。

从某种意义上，职场让我们变得世故、冷漠，有时候美其名曰理智。不过分感情用事，的确有助于我们更高效地完成任务，只是，快乐呢？对于个人来说，或许柔软才是最舒服的状态。

偶尔放纵自己的柔软，既是个人的权利也是自由。有些东西，我们可以得到，并且能够得到的更多，然而当金钱或者权力的得到并不能安抚内心时，有一点善念，行一些善事，并非为了帮助他人，而是为了找回自我。

然而职场这片江湖，软弱可以，行善亦可，却切忌无用。如一场赌局，你可以在赌赢之后给输家回家的路费，却断不可以在未赌赢之时琢磨着如何给对方留路费，因为，也许最终输得连路费都没有的人是你，而他人是否愿意行善给你路费，权利在他们手中。

用女人的方式
赢世界

幸福是比出来的

年会过后,年终奖金也发过了,却还有两个星期的班要上,处心积虑跳槽的同事一个个浮出水面,以种种理由递交辞职申请。这时候,聂大伟对自己的不满意就像装满了玉米花的纸筒爆炸开来,不可收拾,连带着对周围许多事情都看不顺眼。

今年雪上加霜的是,连王小顺都跳槽了。

王小顺与聂大伟同一年来公司,一同来的人升职的升职,跳槽的跳槽,慢慢地只剩聂大伟与王小顺没混到单独的办公室。两人不在一个部门,平时联络也不多,但在心理上,颇有些难兄难弟的味道,每当新领导到来,问起聂大伟什么时间进公司,聂大伟便说,我跟王小顺一样,2002年就来了。新领导通常比聂大伟年轻,于是人家拱手,谦虚地说一句,原来是前辈,聂大伟拱手回道,惭愧。心想,前辈就前辈吧,反正也不是我一个。

而今,王小顺忽然要走,辞职理由是父母重病,需要他回家照顾。这种理由最是引人遐想,因为傻子都知道,就算他父母病得要死,他也只会拼命赚钱请护工,而不会自找"屋漏偏逢连夜雨"的罪受。

聂大伟为王小顺饯行,原想套王小顺的话,孰料却惹了一肚子气。王小顺坚称自己辞职是为了照顾父母,当他得知大伟的父母身体特别壮实,无病无灾生活可以自理后,羡慕地说:"这比赚多少钱,当多大的官都好。"聂大伟觉得这怂货实在是太装逼了,气得直想拍桌子。

"过完春节,我也准备辞职了。"为了击垮王小顺最后的防线,聂大伟故作推心置腹地说,王小顺果真中计,问:"去哪儿高就?"

"不去哪儿,工作十年了,想歇歇。去大城市走走,去小乡村转转,闲云野鹤,首先——去趟东莞。"聂大伟将头往椅背上一靠,长舒一口气说。王小顺摸了摸自己的鼻子,不屑地说:"得了吧,鬼才信呢,你前年刚买了房,贷款至少得还十年。""那我也不相信你,虽然你没买房。"聂大伟语气很重,报仇似的说。王小顺把最后半杯啤酒倒进口里,不耐烦地扔下一句"爱信不信",结账走了。聂大伟看他掏钱,甚至懒得说一句"应该我请你"。

聂大伟像一个患了强迫症的人,多方打探王小顺到底去了哪儿。城市说大很大,说小也很小,跳槽的去处,无非是相关行业相关公司,奇怪的是,真的没有人知道王小顺去了哪儿。聂大伟不由想到,王小顺也许十年磨一剑,去了某家大公司,任了高层的职位,以至于超出了自己能力所及的打探范围。这样想着,他更加焦虑,只想立刻辞职,哪怕只是呆在家里,也要放出风声,自己找了份好工作,有了好前程。

除夕夜,聂大伟喝多了酒,闹到去医院急诊室洗胃的地步,第二天早晨在医院门口碰到端着稀粥的王小顺。王小顺比之前瘦了一圈,"在医院呆了十天,快疯了,真想上班。"王小顺说。

聂大伟有些不好意思地拍拍王小顺的肩膀,倒不是因为自己的胡猜乱想,而是因为自己的幸福感瞬间还魂了。

得意时,与比自己强的人比,掂得出自己几斤几两;失意时,与比自己差的人比,看得见自己虽有失终有得。

我们并不为比较而活,比较却可以让我们活得更好。

用女人的方式

赢
世界

说重点，更幸福

唐楚江觉得自己的人生从22岁之后便坎坷了。人在职场，她总有种疲惫感，做职场新人的时候被人欺负，慢慢熬成了办公室资深人士，她的工作推进起来还是不顺畅。她很努力，很用心，却没人说她好，即使她自己，也并不觉得那些努力多么有必要，往往，她努力，只是因为不知道如果不努力还可以去做什么。

有同事喜欢请她帮忙完成那些本应属于他们的工作，她忍了很久，觉得自己实在应该对他们说NO。可是，每次见到他们，她都忘了要说NO，而是在帮完忙之后，说"累死我了"、"这事儿可真难办"、"把我头都忙晕了"、"我的活儿都没时间干了"……有时候，她还跑去跟同事抱怨，结果大家觉得唐楚江是一个斤斤计较的人，替别人做事总想要回报。她实在觉得冤枉，所有的所有，她不过想正常地说一句：抱歉，我很忙，这次帮不了你。

公司派唐楚江接洽客户，S客户表示不再用公司的货。向经理汇报此事时，唐楚江却不敢直接说，S客户把咱们甩了，而是说S客户进货量逐年减少，押款厉害，还时常索要回扣，把自己当爷看……经理忍不住安慰她，虽然他现在进货少，以后说不定会增加。"不会了，他已经明确表示不再进我们的货。"唐楚江如释重负地说出最重要的一句话，经理想到的却是，唐楚江为人有问

题，得罪了客户，总说人家的坏话，所以人家才不再订货。

一位女同事总喜欢在别人面前嘲笑唐楚江，尽管是开玩笑，唐楚江依然相当不爽。于是她打电话给那位女同事，说自己太善良、太软弱，没有她口齿伶俐，所以容易被别人欺负。女同事一听来了精神，严肃地批评唐楚江没原则，并且教她如何对付那些爱欺负别人的人。"你这样子啊，谁不欺负呢？谁不欺负你都天理不容！"女同事说。唐楚江郁闷地挂了电话，心想，真冤枉，本来想提醒她以后别伤害我，没想到又被伤害了一次。

男友最近忙于应酬，很少有时间陪你，你很不高兴，于是对他说，我觉得你不爱我了。"别乱想。""你就是不爱我了。""哪有！""别骗人了，我知道你根本不爱我了。"男友觉得你简直是不可理喻、没事儿找事儿，更年期综合征提前发作。其实，你不过想提出一些简单的要求：我想跟你一起吃饭、看电影、聊天，请你安排一下。

不习惯说重点的人就像背着砖头跑步一样，将压力全部留给了自己。当你试图提出合理建议的时候，别人听到的只是抱怨；当你下定决心与上司探讨某个重要问题时，开口说出的却都是芝麻绿豆事儿；公司例会，你鼓足勇气说了很多，大家却根本不理解你究竟为什么说。雷蒙德·卡佛在小说《谈论爱情时我们谈论着什么》的结尾写道："我能听见我们坐在那儿发出的人的噪音，甚至直到房间全都黑下来了，也没有人动一下。"当你总是无法找到重点时，说话便是一种噪音，不仅惹毛了别人也让自己

213

用女人的方式
赢
世界

变得愈加啰嗦和不自信。

不知道如何说重点，是许多人职场的硬伤。表面上看，不说重点是一种语言表达习惯。心理学家却认为，无法直达重点的低效率交流，反映了当事人的脆弱与不自信。在星爷的无厘头电影里，小人物们很容易唯唯诺诺，说话不着边际。为什么不敢讲出来？怕看到不如人愿的结果，怕被对方摸清了底牌。

有时候，试探的确能够提高成功几率，然而更多的时候，试探只会让你越来越没有信心。因为如果你是一个乐观向上的人，基本不需要那么多试探，如果你想要试探，多半抱着悲观的不确定感，那么，对方的反馈很容易被你理解成负面的、甚至是拒绝的。想得太多，是说话无法直达重点的人的通病，将揣测他人的心思，用在以下几个方面的修炼，你很快就能成为说话直达重点的幸福职场人。

○ 尝试用比平时慢半拍的语速说话，努力感受你所说的每一个字如慢镜头般从大脑里滑过的感觉。

○ 挺胸收腹，目光直视对方，这样做会有效提升你的气场，一个气场强的人比较容易给他人留下"所说重要"的印象。

○ 学会使用表示顺序的词，训练自己的逻辑能力。比如赞美朋友的新发型，你可以说第一，发色显肤白，第二，长度恰当地衬托了你的小巧身材……这样的回答，绝对比笼统说"不错"要好很多，朋友会因此对你的话印象深刻并且感觉到你真正关心她。

○ 在交谈进程中，感觉思维混乱时，不如用一个问句将话题

推给对方，既为自己赢得思考的时间，又可以让对方的谈话起到抛砖引玉的作用。

○ 左脑理性，右脑感性，所以你要学会用左脑思维，听上去很玄妙，其实不过是一种心理暗示，当你努力感受左脑运动，便会主动提醒自己理智表达，将不着边际的牢骚、寒暄与八卦屏蔽掉。

○ 遇到不好的事情，一定要先讲结果，只有先把结果摆出来，你们才能有更多时间去沟通如何解决。

○ "事情是这样的"、"我的想法是"、"我认为最重要的是"，学会给自己的话戴"帽子"，它不仅仅能够提醒你直入主题，并且会让别人更专注于你的表述，他人的专注往往能给说话者增加信心。

○ 专注对方的反应。往往，当你说到重点时，对方会比较专注，一旦发现对方注意力涣散，你就应该停下来或抛出一个问句，给自己换取反思和调整话题的时间。

○ 当你感觉谈话压力变大时，不妨停下来，深呼吸一次，默默对自己说："我们正在进行一次平等的交谈"。这是一句很有用的话，只有在心理上保持自信与平静，才最容易畅通无阻地表达清楚自己。

○ 如果你要跟对方交流的是一件不太好开口的事情，不妨在说话之前，先在脑子里把想要表达的东西像放电影一样顺一遍，找出最关键的话，先讲关键点，等他有疑问的时候你再解释，切忌在主动解释上浪费太多时间。

用女人的方式
赢
世界

精明也要有诚意

老唐将桌上的盒子编了号,老婆帮他拎东西的时候,不小心碰落了两张编号纸条,随手将它们贴在盒子上。老唐夺过老婆手里的东西,边呵斥她,边小心地打开盒子。

"不都是给领导的吗?"老婆说。

"你傻啊,领导跟领导能一样吗?"老唐白了老婆一眼。

每年有那么两三次,老唐会给领导送礼,特意不选在春节国庆,而是母亲节、父亲节、重阳节等普通人想不到要送礼,收礼的人却又很容易受之无愧的日子。"周日是母亲节,我怕你工作忙,没时间买东西,帮你买了一点。"将心机与卑微伪装得如此温暖而又随意,谁好意思拒绝?

就这样,老唐从寂寂无名的小科员做到了小科长,眼看副处长位置空缺,他似乎又是呼之欲出的副处长。

这一步,究竟谁是关键人物,颇令老唐纠结。

按说,处长的意见最重要,可是,他跟总经理的关系疙疙瘩瘩,另外几个能说上话的人也全拧不到一股绳上去,想来想去,老唐觉得谁也不能怠慢了,但若要一碗水端平,他又觉得自己不划算。琢磨了几个晚上,分析来分析去,老唐决定给有可能说得上话的人按重要程度编号,然后依据这个编号,准备了轻重不同的礼物。

Part 06 从优秀到优雅

与过去一样，礼物送得顺利，宾主皆说了些客气话，仿佛除了老唐，谁都没觉得这是个特殊时期。总经理办公室秘书小王，老唐是考虑再三才去拜访的，他任秘书时间不长，在几个秘书中最不显眼，对他的拜访纯粹是为了防止节外生枝，自然礼物也备得最轻。

副处长人选迟迟没有决定，倒是处长忽然易人了，当老唐在任职通知书上看到小王的名字时，有几分懊恼同时又免不了得意。懊恼的是自己竟然对局势判断失误至此，得意的是，不管如何判断失误，终究是老谋深算，没有错过任何一个重要人物。

处长上任的三把火烧了两个月，副处长才新鲜出炉，是坐在老唐对面的老李。老李业务能力不错，只是为人刻板，过分认真，以前的处长最不待见的就是他这种"资深员工"，自以为能力就是一切，把谁都不放在眼里，不好用。

老唐百思不得其解，不知老李用了什么办法，竟然坐火箭赶到了自己前头。"你小子行啊，用了什么办法？"老唐不得不挤出笑容，恭喜老李升职。老李抓了抓脑袋，好像也在想这个问题。"真会装"，老唐在心里呸了一口。

这场失利，在老唐心里一直是个谜。后来，与原来的处长吃饭，说起这件事。处长抿了口小酒，讲了个段子：有个男的，跟很多姑娘开房，有的去如家，有的去洲际，结果，去如家的姑娘知道有人去洲际，就觉得自己被骗了。老唐愣了半天，前任处长用手轻轻敲了敲桌子，说："人在江湖，不能不精，但也不能太精，太精，容易内伤，别人看你，就怎么都觉得没意思了。"

217

用女人的方式
赢
世界

  同一间办公室呆得久了,有什么是彼此看不出来的吗?几乎没有。

  玩玩小花招、耍点小聪明,大家都可以接受,如果说其中有什么忌讳的,就是不要把别人当傻瓜。

  一部电影,无论拍得多么烂,只要有几分诚意,观众总还能在电影院坐下去,因为尽管导演的水平有限,人生观还没烂;倘若没有基本的诚意,觉得人家观众就是人傻钱多,上过一次当的人,肯定不会再上第二次,因为这样的上当,对大家的尊严都是极大的挑战。

心中有两个我

苏珊必须改签下一班飞机。这是她无数次上演飞机场、火车站惊魂故事中一次罕见的事故。她不得不重新安排时间，所带来的麻烦，远远超过提前一个小时出门。

"出门之前，我究竟做了什么？"苏珊开始反思。她记得自己去了两次洗手间，涂了睫毛膏，跟同事寒暄了几句，接了一个无关紧要的电话，却任由对方讲了整整5分钟……"全是小事，没有一件重要的。"苏珊说。

潜意识里，苏珊始终认为自己能够赶上飞机——如果打车顺利一些，如果司机开快一点，如果航班晚点。事实上，她经历过许多次这样的事，最险的一次是在火车检票口即将关闭的时候冲过去，刚上火车，车就开了。她把这件事讲给朋友听，朋友很不解地问："你就不能早出来一会儿吗？"苏珊无法回答这个问题，就像她无法回答为什么每次都要等到开会前的五分钟才开始写发言提纲。

"没关系，晚一点开始也可以完成。"苏珊的心里，始终住着这样一个小人儿。她鼓励她拖延，告诉她一切都来得及，她总是面带微笑，嘴上抹蜜，像一个天使，不费吹灰之力便战胜了她心中的另外一个小人儿——那位严谨、理智，总是板着面孔说"诸事宜行早，诸事宜行早"。

用女人的方式
赢
世界

准备工作，先看看邮箱里有没有新邮件。

准备工作，先看看MSN上谁在线。

准备工作，先看看FACEBOOK上大家都在说什么。

准备工作，先跟同事小聊一下或去"天猫"逛逛，调节情绪。

苏珊从没有放松工作，更不敢忘记，然而，前戏无限好，只是近黄昏。当办公室里只剩她一个人，正是干活好时光，她的想法却又变了：既然已经加班了，不如晚一点回去，先看个电影吧，反正工作两个小时就可以做完。电影看完，她发现自己真的困了，而且饿，而且有朋友打电话来约宵夜。有100个理由促使她关掉电脑——不如明天早一点来做。

"拖延很影响情绪，别看我表面上不紧不慢，其实心里急得要死。"作为一个曾经创下24小时不睡觉纪录的拖延症患者，苏珊并不认为自己喜欢挑战极限，她也不同意所谓享受挑战极限快感之说。"拖到不能再拖，只好挑战极限。但即使最终过关，还是会有挫败感。"苏珊说。

每个人心里都住着两个自我。一个尊重本能，一个遵守规则；前一个是理想化、不安分、特立独行、爱冒险的自我，后一个是现实、稳定、社会化，需求安全感的自我。两个自我不停地谈判、交火，而拖延症是谈判失败的结果。精神分析学家霍妮对此做了一个经典的比喻：就像开车时同时踩住了油门与刹车。

拖延甚至可以被看作是逆反心理的折射——越是大家认为重

Part 06
从优秀到优雅

要的事,越是人生应该做的事,越要放到最后。尽管我们一出生就被教育树立目标,抓紧时间,然而,挥霍时光、随心所欲、及时行乐永远是人类最本真的需求。

作为史上最著名的拖延症患者之一,苹果公司创立者史蒂夫·乔布斯很好地诠释了拖延与完美主义之间千丝万缕的联系。他可以为了找到一块自己心目中完美的电脑机箱面板而不惜将原定的计算机发布日期推迟再推迟。事实上,几十年来,推迟已经成了乔布斯本人以及苹果文化的一部分。从MAC到Ipod,从第一家专卖店到乔布斯自己家的游艇装修工程。

乔布斯的拖延症对于苹果公司的董事会以及员工来说无异于噩梦,却诞生了史上最接近于完美的产品。

另外一位著名的拖延症患者是香港导演王家卫。他在电影《重庆森林》中,借助金城武之口,说出了自己心中对于"期限"问题的困惑。当年在黄百鸣的"新艺城",王家卫几个月拿不出一个剧本,害得一群饥饿的演员每天眼巴巴等米下锅,"好的剧本需要很长时间",他向老板黄百鸣所作的申辩之词,并没有避免他被炒鱿鱼的结局。

不是每一次拖延都能成就完美的产品,更不是每一个人都有运气遇到一位绝不拖延的朋友解救他于水火之中,如同刘镇伟用26天拍出《东城西就》去市场上捞金,以补救王家卫难产的《东邪西毒》。

99%的人,既没有强大的才气,也没有超好的运气,有的只是不切实际的个人英雄主义。"如果时机合适,我会做得更

221

用女人的方式赢世界

好"，"如果老板多给一些支持，结果会更完美"……结果呢？或者被炒鱿鱼，或者在期限的最后时刻加班赶工，结果自然绝非完美，甚至可能布满缺憾。

我们不愿意承认，所谓完美主义，只是为了掩饰内心深处的缺乏自信；所谓准备好再去做，不过是为了掩饰对失败的恐惧。

完美主义只是一场欺骗，思虑过重、不够勇敢才是真相。

所谓乱花迷人眼，在多重任务面前，在更多的选择面前，人们习惯性地选择那些短期能给自己带来满足感的目标，而放弃真正的、重要的目标。后者被一再拖延，并且人们愿意相信，在拖无可拖之时，问题会迎刃而解，而解决的方式无非是多加班，少睡觉。这看上去像一笔划算的买卖，因为最终的结果可能是你花费更少的时间在工作上，而用了更多的时间娱乐，然而，事实并不美好。作为成年人，你无法被工作在屁股后面追赶的情况下玩得尽兴，更无法不考虑最坏的结局——倘若用最后那点可怜的时间完成任务过程中，你的电脑坏了或家人病了，那么显然，你搞砸了。

○ 如果没有期限，世界将会怎样？不堪设想。期限是拖延的死敌，之所以拖延得以搔首弄姿，是因为期限的出镜率太低。老板只会给你一个Deadline（期限），但你要做的是分解任务，每天给自己一个Deadline（期限）。一个强有力的监督人是必需的，可以是你的家人或好友，也可以是另外一个拖延患者，互帮互助要落到实处，而不仅仅是耍嘴皮子。最顶级的Deadline（期

Part 06 从优秀到优雅

限）套餐还需要一个附加条件，比如如果不能完成就罚款一百元或如果完成了就吃一块巧克力，它的作用相当于马戏团里驯兽师手中的食物。

○ 一个时间只考虑一个任务。多任务会使我们很容易找到拖延的借口：因为不知道先做什么便索性不做。

○ 每个拖延症患者都有一部"网络谋杀时光"的血泪史。当为看政经频道还是看八卦频道而焦虑，为到底关心体育明星还是文坛打假而着急，正确的答案是它们都不是你的必需，你需要的只是关掉手机，断掉网络，开始工作。一位每逢交稿都逼得编辑要上吊的拖稿作家，仅仅因为家里网络坏掉了一整天，便神童附体地交出了两期稿件。这就是拖延的真相，它远远没有那么可怕，当你别无选择的时候，拖延不治而愈。

○ 如果你拖延的理由是担心提前完成会导致自己产生不断修改的欲望，或者老板因为你提前交货而提出新要求，这理由听起来相当合理，并且你看上去比别人理智，然而实际上你与那些以"挑战极限为乐趣"或"先玩先快乐"为借口的拖延症患者一样，唯一的目的就是把事情拖到最后。其实，要揭穿自己的谎言是件相当容易的事——将提前做好的工作存在特定的文件夹，发送一封定时邮件，日期设置在交货期。OK，没有理由了，你还会再拖吗？

用女人的方式
赢世界

工作并非为了含辛茹苦

　　刘月季不属于肚里能容山容海的人，甚至连针尖大的事都容不了，一定会拿出来念叨。但她有两个优点：一是情绪来得快去得也快，发泄完了没事人儿一样开始像老牛一样干活；二是不在同事中传播负能量，而是跟家人聊，跟朋友聊，跟不相干的网友聊。她的微博上那些抱怨的话，不明就里的人会以为谁是这姑娘的老板算是倒八辈子霉了。

　　这样的个性，在职场中不算好，甚至可以说是顶不好。刘月季起初并不觉得，反正自己也只是在QQ上叽叽咕咕，微博又是匿名。然而第二年的十二月，刘月季忽然被公司裁员了。论长相论身段论贡献论薪水论绯闻，被裁的都不应该是她，而她的罪名就更奇怪了，是传播负能量。

　　两年前，"负能量"这个词还不那么流行，刘月季的前老板竟然具有前瞻性地为她扣了这顶鲜亮时髦的帽子。有"好心人"过话给刘月季，她才知道自己中枪的原因是公司对员工的社交网络进行了监控。

　　刘月季不明白为什么老板这种动物如此喜欢自找不痛快。你出钱不就是找能干活的人吗，又不是找道德标兵或保密干事。

　　换了现在这家公司，起初三个月，刘月季吸取前车之鉴，开动手，管住嘴，很快满嘴长疱，连脑门上都冒出了久违的青春

Part 06
从优秀到优雅

痘。在一个树梢上的日光沾满着昨晚月色的温柔的清晨,刘月季挤掉了脑门上的一个痘,想起十年前,自己长着一脸的青春痘,邻居大妈看到,说瞧这姑娘,憋成这样了。

刘月季决定不要重复自己烦闷憋屈的青春期。虽然人生应该努力,却绝不是一场面目全非的改造。

不知不觉,刘月季凭着实干精神,一步步取得了公司高层的信任,终于成了公司中层管理人员。

"时刻能以饱满的热情投入工作"是老板给她的评语。面对这个评语,刘月季着实汗颜了几秒,想到自己私下里的那些牢骚话,如果老板看到,真是件毁三观的事。

一天晚上,刘月季值班,恰巧HR总监老杨加班,谈起公司最近发生的几件事。"我看你在微博上说的那句,挺经典。"老杨说完,下意识地捂了一下自己的嘴巴。

这个晚上,刘月季知道了一个惊天的秘密,就是她所说过的话,只要用公司的网络发出,都处于被监视状态。"挺光明磊落的人,为什么都要干这么卑鄙的事?"刘月季情急之下顾不得选择措辞。

"领导身处高位,没安全感很正常。"老杨不以为然地说。"不过,咱们领导的好处是,他只好奇,不坏事儿,看看,笑笑而已,否则很多人都活不到今天。"老杨笑容里带几分暧昧的嘲讽。

刘月季瞬间决定要为老板两肋插刀,虽死不辞。在格子间里遇到一个卑鄙的人不难,遇到一个有幽默感的卑鄙的人却不容易。

225

用女人的方式赢世界

巴特勒在《生命之路》中说:"世界上除了人,所有动物都知道生命的真谛就是享受生命。"

在职业竞争日益激烈的今天,"享受生命"已不再是个简单而轻松的词,职场如战场,除了将军,谁会享受战争?

然而,享受这件事从来就是主观的,你可以为一个不好的老板跳槽,然而当一个好老板出现时,你要懂得享受,而不是挑剔。所有老板身上都有这样那样的缺点。在悲观主义者眼里,真正的好老板是不存在的,区别只是哪个老板的暗黑气场藏得更深;而在乐观主义者眼里,好老板是存在的,他与坏老板的区别在于,他心知肚明,了如指掌,他可以像捏死一只蚂蚁一样捏死你,但他并没有那样做。

每个人都可以在工作中找到快乐,如果你的眼里,世界不是非黑即白。当天黑下来,一场电影正在上演,主角是倒霉的你,却一定有更倒霉的男二号或女二号,他们用强大的承受能力告诉观众,人们可以将黑夜看成一个玩笑,它那么不可一世,却不知自己气数将尽。

找一个即使黑暗,却不乏幽默感的老板;做一个即使失败,也不忘自嘲的小员工,工作并非为了含辛茹苦,它是一场考验,你一定要从中找到乐趣。

不要孤独地走在下班的路上

马路没想到砖头会成为自己的同事。

作为兴趣方面刚好有交集,业务上不多不少有点联系的人,砖头曾经被马路视为朋友。马路的信条是君子之交淡如水,朋友很少,在太太面前都有话藏三分,对砖头,他却无来由地特别信任。

砖头自己开着一间小公司,虽然生存不容易总算比打工自由,而马路在现在的公司里从小职员做到营销副经理,算是多年媳妇熬成婆。

在砖头面前,马路有微弱的优越感,两人外出吃饭,总是砖头买单,酒过三巡,也是马路说的多,砖头说的少。有种病叫倾诉上瘾症,久而久之,马路与砖头之间的格局就成了马路说,砖头听。

当砖头跑来马路的办公桌前,告诉他自己的小公司开不下去了,恰好公司某位老总相邀,便决定入职做白领。"咱们以后是同事了。"砖头开心地说,马路的脑袋却短路了几秒钟。

"你认识我们公司老总?以前没听你说过。"马路问,来不及说虚情假意恭喜的话。

"上次吃饭,我就告诉你公司开不下去了。正巧有个哥们,也知道我的处境,跟咱们公司老总是大学同学,一介绍,这事儿就成了。开的条件不错,我就来了……"砖头再说什么,马路就没在意了，他调动所有的脑细胞，回忆自己与砖头的每一次把酒言欢，掂量究竟有多少"把柄"抓在砖头手里，越想越害怕，因为说了什么实在想不起来，而想不起，意味着很多吧。

砖头的办公室在走廊东头，马路的在走廊西头，两个部门业务来往不多，除了电梯间，只能在卫生间相遇。有一次，马路进卫生间，正巧看到砖头与财务总监有说有笑地进来。财务总监是马路的死对头，恨不得每天去老板那儿告他的状，马路知道自己一定"酒后失言"，对砖头说过很多他的坏话。马路甩甩刚洗过的、冰凉的手，似乎想甩掉不堪回首的往事。

砖头约过几次，马路都拒绝了，他怕自己三杯酒下肚，会逼砖头写保证书，绝不将自己说过的话泄露出去。一个大男人，如果混到要别人写保证书的份上，实在太丢脸，虽然从内心里他是多么需要这样一份保证书，哪怕只是自我安慰一下。

不知从什么时候，马路与砖头形同陌路了，即使在电梯或走廊里遇见，也假装没有看到，路归路，桥归桥，日子一天天过得平静，马路心中的不安总算慢慢放下。

一年后，砖头要升职，HR总监例牌征求部分中高层管理者的意见，通常，这一环节不会出什么问题。但到了马路这儿，他投了反对票。

砖头的升职因此搁浅，他跳槽去另一家公司任广告总监。那家公司比马路所在公司规模大，前途似乎更好，马路特意打电话恭喜砖头，说好可惜，不能与你做同事了。

两人再未一起喝过酒，吃过菜。只一次，马路下班，路过以

Part 06 从优秀到优雅

前常去的大排档,看到砖头与两个年轻人喝啤酒,砖头招呼他坐一下,他拒绝了。

　　马路一个人,慢慢走在回家的路上,疲惫像一条温柔的丝巾,慢慢勒紧他的脖子。

　　职场度量首先指办公室人际交往过程中的气量,对不同意见的容忍程度,或者当你内心深处非常讨厌一个人的时候,能否顾大局识大体地努力克服情绪,甚至想办法转换负面情绪,发现对方的优点。职场度量也指对于不可知或突发事件的容忍能力,面对最信任的下属突然提出辞职、上司毫无预兆的发难等,你乱了阵脚还是平静地接受?

　　度量直接影响我们的职场幸福感,当你与度量小的同事发生矛盾,是因为你与他有同样的度量;当你决定给离去的员工一点颜色看,却会无形地打击留下来的员工的士气和他们对你的信任度;人们普遍认为女性的职场度量小,并非她们不可理喻,而是情绪化。

　　宽容别人就是宽容自己,用在职场比用在爱情中更合适。如果说在爱情中宽容是因为爱对方,职场中的度量则完全是为了让自己在办公室里减少挫折。

　　○ 拓展度量,首先要有同理心。将心比心,站在对方角度看问题。即使一件让你气愤不已的事情,当你将心比心地想一下,也会轻易原谅对方。

用女人的方式
赢
世界

○ 情绪低潮期不做重要的决定,尤其不做人事决定。情绪低谷期我们所做的一切都可能带着发泄的味道,拉低日常处理人际关系的能力。

○ 即使对待非常熟悉的同事或者职位很低的下属也要使用礼貌用语,当你习惯了用礼貌的方式对待他人,那么即使发生分歧,也不会选择他们不易接受的粗暴或极端的方式处理。

○ 每个人在职场中都不再是一个原生态的人,而是一个集体中某个角色的扮演者。放弃"本我"是职场修行,不再将个人喜恶带入所扮演的角色,而是像一位称职的演员,从角色的职责出发,有意识地抑制自己的某些个性并培养那些本身不具备但角色需要的个性。

附录 Part 7

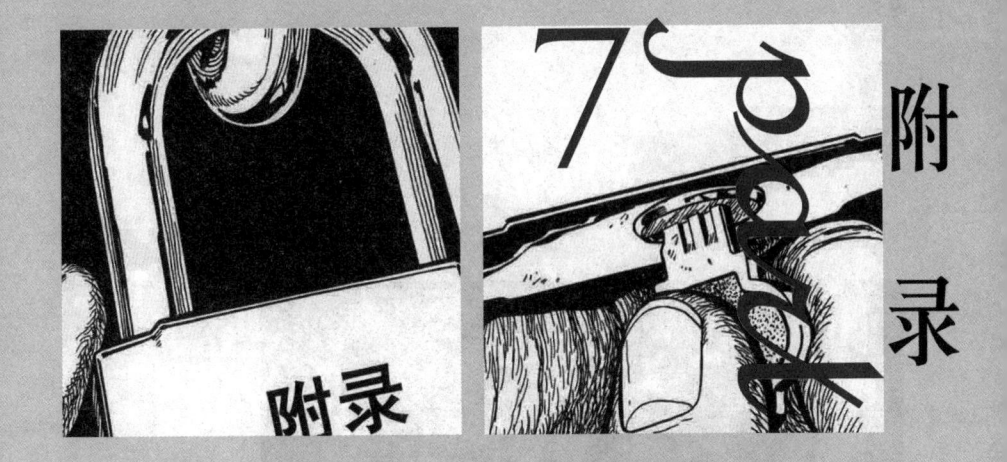

父母的职场格言

Part 07
从优秀到优雅

父母的职场格言

倘若你相信职场如战场,不防回想一下十年前,父母在你耳边絮絮叨叨的那些职场格言。当时你对它们不屑一顾,甚至责怪他们用老皇历指导新时代。如今,经历了职场沉浮,却不得不承认,朴素的真理在没有空调的办公室里同样可以得到。

争议格言

○ 少说话,多做事

当"首先要学会说"的美国模式风靡全球,"少说话,多做事"显然有些OUT,然而,也的确有人因为太多话而给上司留下油嘴滑舌、三八难缠的不良印象。事,要做,更要高效率地做;话,要说,更要聪明地说。身在职场,做事是本职,说话则是一种锦上添花的能力,倘若不能确定自己会不会说话,不如暂时闷头做事。

聪明说话的10个要点

1. 赞美的话应该在第一时间说出来,批评的话则要深思熟虑。

用女人的方式
赢
世界

2. 太露骨的赞美容易污染办公室环境，赞美厨师的最好方法是说"我每天都想吃到你做的菜"，而不是"你是天下最棒的大厨"。

3. 表达意见的时候，少用"可是"与"我觉得"，前者代表否定对方，后者代表主观意愿，当你想表达"可是"，一定要先说"是的"，而当你想说"我觉得"，不如说"的确是这样的，不过，也许有另外一种可能性……"

4. 多站在对方立场考虑问题，不是你觉得正确的、为对方着想的意见就一定能被接受。

5. 提出反对意见的时候，还应该说出自己的建议，否则别人可能觉得你站着说话不腰疼或者故意找碴儿。

6. 避免那些会让你显得高高在上的表达习惯，比如拖着长音的"啊——"，不以为然的"啦——"，接受任务时，说"好"比说"好啊——"显得更心甘情愿，而"当然啦——""就是说啦——"则让你显得有些阴阳怪气。

7. 当上司让你做不擅长的事，不要说"我不会做"，而应该说，"这件事，某某可能比我更清楚一点"。

8. 工作中遇到不公平待遇，跟同事抱怨绝对不是最好的选择，你可以直接向上司请教——"我最近很疲劳，感觉有些事情力不从心。我想知道您在遇到类似问题的时候，是怎么解决的。"

9. 开会发言一定要经过精心准备，做到言简意赅、言之有物。如果没准备好，请奉上可贵的沉默。

10. 多找机会向上司汇报工作进展，不要以为他看重结果就不需要知道过程，即使他不关注过程，也一定会注意到那个喜欢跟他汇报过程的人。

枪打出头鸟

通常，这句职场格言不是被用来自我安慰就是被用来自我放纵。能力平平却自恋自大、招人厌恶的人，叹一句"枪打出头鸟"便把罪责推到了别人身上，却不知挨枪打的不一定是出头鸟，也可能是芙蓉姐姐。而那些懒散不负责、放任自己平庸的人，也会叹一句"枪打出头鸟"，直接放下工作去玩游戏，仿佛他完全不是能力有问题而是看破红尘，无欲则刚。

出头鸟头盔全球销量TOP8

1. 如果工作忙到只能用业绩说话，一定要忙中偷闲地经常对他人微笑。

2. 不搬弄是非，贬低他人。

3. "我觉得你的方法很好，不过，我这里还有一个方法，你想不想试一试？"行动上不必谦让，话语却一定要留有余地，不要动不动就说，"你那个方法不行"或者"这个办法太笨了"。

4. 即使上司很笨或者忽然脑袋进水，你也不要立刻跳出来展示自己的聪明。

5. 当老板因为信任而把其他同事的活儿安排给你时，一定要当着大家的面请求与那位同事一同完成任务。"这个活儿是他先经手的，更熟悉，我想他帮得上我。"老板当然喜欢这种懂事的员工，而差点被你抢了饭碗的同事也会心存感激。

6. 身处职场，永远需要关注他人对你的看法，但是别把它当压力，而是当作提醒——他们么说，是不是我做错了什么？

7. 别总在老板面前抢镜,主动给其他同事让出几个镜头。

8. 出头鸟真正的含义并不是工作表现最好的那个,而是最好表现自己的那一个。

人气格言

○ 宁与君子吵架,不与小人说话。

入选理由:成功地将办公室关系化繁为简。

○ 得罪了领导没好果子吃。

入选理由:千古不变的朴素真理。

○ 各人自扫门前雪。

入选理由:道出了现代企业的精髓——分工愈明确,效率愈高。

过气格言

○ 工作挺稳定,干吗还要换工作。

过气理由:如果你不换换工作,又怎么知道什么工作最适合你?

○ 车到山前必有路。

过气理由:盲目乐观必然造成对局势的判断偏差。

○ 少说话,多做事。

过气理由:不会表现自己的员工不是好司机。

女性晋升路障

看上去不够忠诚
路障级别：★★★★★

"早晨打不到车，真郁闷，恨不得辞职算了"，"某某公司福利比咱们好多了"，"加班真累啊，我一定要在五年之内当上全职太太"……牢骚是员工的影子，然而男人与女人发牢骚的形式有很大不同，男性习惯于就事论事，而女性更喜欢由点及面，因为赌气而夸大事实或故意说出最坏的结果。在办公室中，女性随口说辞职、跳槽的几率比男性高得多，尽管她没有真的打算离开公司，却无意给上司造成了"她对公司缺乏忠诚，可能很快就会离开"的印象。

升职箴言：没有上司愿意给缺乏忠诚度的职员升职。

情绪化
路障级别：★★★★★

美国的一项调查显示，在女老板手下工作的职员更容易感到焦虑不安，因为她们容易将个人情绪带入工作，令员工无所适从，而男性上司也往往因为担心女员工无法控制自己的情绪而对给她们委以重任这件事心存顾虑。

升职箴言：永远不要将"情绪"作为犯错的借口。

迷恋窝里斗
路障级别：★★★★☆

女性细心敏感，过于在意上司或同事对自己的看法，更容易陷于人事纠纷。

升职箴言：职场斗争的结果往往是两败俱伤，回避斗争就是回避风险。

思维影响能力
路障级别：★★★☆☆

哈佛商学院曾经做过这样的测试，将男性与女性划分为两个组，被吩咐去街角便利店调查热狗的价格，男性那一组中，90%的被调查者在弄清了热狗的价格后，还注意到那家店里出售三明治、玛芬蛋糕及全麦面包，并且记住了价格，而女性这一组中，所有人都只记住了热狗的价格。"按照领导的指令工作"并没有错，然而，如果想升职，不仅要能够执行指令，还要明白上司下一步想做什么，提前做出充分准备。

升职箴言：得失上，永远比别人想得少一点；工作中，永远比别人想得多一点。

习惯性抱怨
路障级别：★★☆☆☆

绝大多数办公室的男性会选择将不快压在心底，或者下班后去酒吧找朋友倾诉，而女性往往嘴巴比思维走得更快。

升职箴言：如果最初将爱抱怨当成小问题，它最终一定会成为大难题。

安全第一
路障级别：★☆☆☆☆

女职员往往迷恋工作的延续性，害怕改变，不喜欢接受挑战。

升职箴言：如果你想有所发展，就不要为了安全而放弃机会。

扫清升职路障

○ 建立情绪管理档案

"女人就应该比男人更情绪化一些。"如果想升职,请将这句话抛到脑后,只有不放纵自己的情绪,才能成为情绪的主人。

A. 月经期档案

每月月经期间,你做了什么情绪失控的事情,请逐一记录,记录的过程也是反思的过程,你会发现,失控记录正在逐月减少。

B. 恋爱期档案

昨天与男友吵架,今天工作前,请更新备忘录,提醒自己克服不良情绪,集中精力工作。当你在情绪不高时,却高效率地度过了办公室的一天,请奖励自己一面小红旗。

○ 进行"不在乎"训练

A. 饭局时,请坐在你不喜欢的人旁边。公司饭局是缓和同事关系的最佳场所,这时候,大家都会适当放下防备,你会发现,你不喜欢的那个人其实也没有那么差劲。

B. "那个人一定在背后说了我的坏话",当这样的念头在你心中挥之不去,请在心里默默告诉自己:"不必担心,他一定不会说我坏话,即使说了,别人也不会相信。"

C. 多说"没关系"。

D. 如果的确受到了不公正待遇，不如找上司说清楚，在倾诉过程中，你或许会发现，原来所谓的不公正，其实也有其公正之处。

○ 使用积极"暗示"

当女性在职场中表现得保守、爱抱怨，在竞争面前缺乏自信，往往是因为她们给了自己太多消极"暗示"，比如职场"性别歧视"、上司对女职员不公等等。此类情况的确存在，却并非永远存在。

A. 在手机屏保、备忘录或记事本上，写一些鼓励自己的话，并且经常翻看或补充，但不建议在QQ签名档或微博上搞这样的东西，别人会觉得你太张扬，有野心。

B. 交往积极、理智、成功的朋友，从他们身上你会得到积极的暗示。